现代化工"校企双元"人才培养职业教育改革系列教材
编写委员会

上海市职业教育"十四五"规划教材

化工装置操作

张海霞　路雁雁　主　编

康静宜　副主编

张　华　主　审

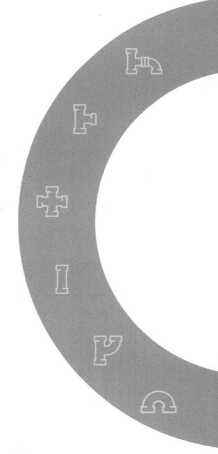

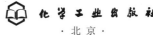化学工业出版社

·北京·

内 容 简 介

本书全面贯彻党的教育方针，落实立德树人根本任务，培育和践行社会主义核心价值观，有机融入党的二十大精神。编写团队由化工领域的资深专家、一线工程师及教师组成，理论与实践相结合，注重内容的系统性与实用性。

本书坚持"以学生为本"，以化工生产过程为主线，设计了装置认知、装置开车前准备、装置开车运行和装置停车四个学习情境，各情境和任务循序渐进，确保学生获得直观、实际的学习体验。各学习任务配套了工作页，汇总为活页式实践工作页部分，模拟化工操作员的日常工作职责，如操作、监控、维护和应急处理等。通过这些模拟岗位任务，学生在情境化学习中不仅能强化专业理论知识，还能学会知识应用、合作沟通以及风险识别与防范，为未来工作打下坚实基础。

为适应现代职业教育需求，本书配套了设备结构3D动画、操作演示视频以及复杂理论的微课讲解等数字化资源，旨在帮助学生更好地理解复杂的化工装置及其操作流程。希望这些资源能促进学生全面发展，为踏入化工行业奠定基础。

本书可作为职业教育化工类及相关专业的教材，也可作为化工企业操作工专业技能培训教材，还可供相关企业人员参考。

图书在版编目（CIP）数据

化工装置操作 / 张海霞，路雁雁主编 ；康静宜副主编. -- 北京 ：化学工业出版社，2025. 6. --（上海市职业教育"十四五"规划教材）. -- ISBN 978-7-122 -46234-3

Ⅰ. TQ05

中国国家版本馆CIP数据核字第2024DU7532号

责任编辑：提 岩 旷英姿 熊明燕　　　　文字编辑：崔婷婷
责任校对：王 静　　　　　　　　　　　　装帧设计：王晓宇

出版发行：化学工业出版社（北京市东城区青年湖南街 13 号　邮政编码 100011）
印　　装：中煤（北京）印务有限公司
787mm×1092mm　1/16　印张 17¾　插页 4　字数 442 千字　2025 年 7 月北京第 1 版第 1 次印刷

购书咨询：010-64518888　　　　　　　　　　售后服务：010-64518899
网　　址：http://www.cip.com.cn
凡购买本书，如有缺损质量问题，本社销售中心负责调换。

定　　价：49.80 元　　　　　　　　　　　　　　　版权所有　违者必究

当我们打开工业文明的大门，便能见证化工产业在现代社会中发挥的核心作用。它不仅是国民经济的基础，也是新材料、新能源和生命科学等领域发展的重要推动力。本书便是为了适应日新月异的化工技术发展，培养适合未来产业需要的高素质技术技能人才而编写的。

化工装置的操作既需要扎实的理论知识作为支撑，更离不开实践技能的培养。为此，对每项学习任务，基于典型岗位工作任务设计了工作页，汇总为活页式实践工作页部分，将化工操作工岗位的工作职责和任务贯穿于学习过程中，多维度模拟了化工操作员的日常职责，包括但不限于操作、监控、维护、应急处理等。例如，在工作页中，学生需要根据实际生产情境模拟调整工艺参数，或在设备出现故障时进行应急处置，在应用场景中检验和强化各项装置操作能力。通过实际操作职责的模拟，学生在模拟情境中承担起化工操作员的各项具体职责，如同置身真实工作岗位，在情境化的学习过程中，强化了专业理论知识，更重要的是学会了如何应用知识，学会了合作与有效沟通，学会了工作中风险的识别与防范，能够体验到未来实际工作中可能遇到的各种情况，为走向化工行业的复杂岗位打下基础。

安全生产是化工生产装置操作中首要考虑的问题。安全是化工行业持续健康发展的基石。在学习专业知识和技能的同时，培养学生的安全责任感，是本书的重要目标之一。本书中的案例和操作技术皆严格遵循国家安全生产的相关标准和规定，各学习任务突出强调安全要点，确保学生能够在理解化工生产流程的同时，逐渐形成正确的安全生产意识。

在技术不断革新的今天，化工行业亦在经历前所未有的变革。新技术的融入已成为行业发展的必然趋势，包括自动化控制、智能化管理等，本书中融入了新技术的应用和介绍，覆盖了基本操作、高级操作、传统流程、最新技术等方面的内容，以培养学生终身学习能力，使学生在掌握固有知识的同时，紧跟行业步伐，适应技术不断升级的社会环境。为适应职业教育学生的学习需要，本书还配套了丰富的数字化资源，包括设备结构 3D 动画、操作演示视频、复杂理论的微课讲解等，旨在帮助学生更好地理解复杂的化工装置及其操作流程。

我们坚信，教育的真正价值在于激发学生的潜能、培养其解决问题的能力以及适应社会发展的能力。化工装置操作不仅是一门技术传授的课程，更是一种方法论的引导和能力培养的过程。通过本书的学习，我们希望每一位学生都能在未来的工作中成长为一名有责任感、有创新意识和有实践能力的优秀技术技能人才。

本书共分 4 个学习情境、14 个学习任务，具体编写分工为：学习情境一的任务一由平湖职业中等专业学校沈张迪编写；学习情境一的任务二、学习情境二的任务四和任务五由上海现代化工职业学院张海霞编写；学习情境二的任务一、学习情境三的任务四和任务五、学习情境四的任务二由上海现代化工职业学院康静宜编写；学习情境二的任务二、学习情境三的任务一由上海现代化工职业学院王志平编写；学习情境二的任务三、学习情境三的任务二由上海现代化工职业学院金磊编写；学习情境三的任务三由上海现代化工职业学院路雁雁编写；学习情境四的任务一由东营职业学院张颖编写。活页式实践工作页的编写分工为：学习情境一的工作页 1-1 和工作页 1-2、学习情境三的工作页 3-1、学习情境四的工作页 4-1 和工作页 4-2 由上海现代化工职业学院张超编写；学习情境二的工作页 2-1、学习情境三的工作页 3-3～工作页 3-5 由路雁雁编写；学习情境二的工作页 2-2 和工作页 2-4、学习情境三的工作页 3-2 由中国石化上海高桥石油化工有限公司黄凌佳编写；学习情境二的工作页 2-3 和工作页 2-5、学习情境四的工作页 4-3 由科思创聚合物（中国）有限公司俞亮编写。全书由张海霞、路雁雁、康静宜统稿，张海霞、路雁雁担任主编，康静宜担任副主编，中国石化上海高桥石油化工有限公司张华担任主审。

在编写过程中，上海市教育委员会教学研究室、化学工业出版社以及一些兄弟院校、合作企业都给予了大力支持，保证了编写工作的顺利完成，在此谨致以衷心的感谢！

由于编者水平所限，书中不足之处在所难免，敬请广大读者批评和指正。

编者
2025 年 1 月

目录

学习情境四
装置停车　137

二维码资源目录

序号	资源名称		资源类型	页码
16	装置运行		视频	97
17	装置巡检		视频	101
18	内外操对表		微课	106
19	化工物料的相关计算		微课	110
20	控制阀故障的应急处置		视频	124
21	循环冷却水上水压力低		动画	125
22	典型事故的应急处置	硫化氢中毒	动画	129
		烃类中毒窒息	动画	
		液体泄漏	动画	
23	停车风险及应急预案		视频	138
24	装置停车		视频	139
25	氮气置换		动画	149

学习情境一
装置认知

　　化工操作人员在参与生产前，要知晓生产装置、生产工艺、原料、产品、工艺条件等生产信息，熟悉生产装置构成、工艺流程和控制系统，以便后续生产运行各项工作顺利开展。

学习目标：

- 能说出化工装置的分类及构成。
- 能描述特定生产装置的原料、产品、工艺路线、工艺条件等关键信息。
- 能快速、准确认知化工装置工艺流程、主要装置、控制和联锁方案。

任务一 装置工艺流程认知

任务描述

　　熟悉工艺流程是化工生产人员执行生产任务的前提条件，借助工艺流程图，掌握从原料到产品的过程，明晰各物料走向，认识其中涉及的设备、管路、阀门、安全设施等。

任务目标

1. 知晓化工装置的定义和分类。
2. 能根据工艺流程图描述化工典型装置和生产工艺。
3. 能根据工艺流程图认知化工生产工艺流程。
4. 树立全局观，对化工行业及产业链情况有宏观认识。

基础知识

一、化工装置的定义

　　化工装置是指用于化学加工过程中，实现物料转化、分离、提纯、合成等工序的一系列机械设备。这些装置可以包括反应器、塔器、换热器、过滤器、干燥器、混合器、泵、压缩机以及控制系统等，它们按照特定的工艺流程布局和连接，共同构成了完成特定化学产品生产的工业单元。

二、化工装置的分类

化工生产
过程

　　化工装置可以根据其操作方式或工艺特点来分类。

1. 按操作方式分类

　　按操作方式，化工装置可分为连续装置和间歇（批量）装置两类，主要区别在于操作模式和物料流动的方式。

（1）连续装置

① 物料不断地进入和离开装置，生产过程没有中断。

② 操作条件（如温度、压力、浓度）保持相对恒定。

③ 适合大规模生产，因为可以连续运行。

④ 效率高，单位产品的能源和原料利用率较高。

⑤ 自动化水平高，可以减少人工干预和错误操作。

⑥ 初始投资和设计成本较高。

（2）间歇装置

① 物料按批次加入，反应完成后产物全部排出，每个批次之间有间歇。

② 操作条件在一个批次的不同阶段可能会改变。

③ 灵活性高，可适应多种产品的生产和小批量生产。

④ 对于复杂的合成路线或纯度要求极高的产品更为适用。

⑤ 每个批次之间需要清洗和准备，可能导致时间和资源的额外消耗。

⑥ 初始投资较低，适合非连续需求和研发阶段。

连续装置在化工生产中通常用于基础化学品的生产，而间歇装置更常见于精细化学品、特种化学品的生产以及新产品的研发阶段。

2. 按工艺特点分类

按工艺特点，化工装置可分为燃料化工装置、基础化工装置和精细化工装置三大类。

（1）燃料化工装置

① 石油化工装置。原油经过蒸馏、裂解（裂化）、重整和分离，得到基础化学品，如乙烯、丙烯、丁烯、丁二烯、苯、甲苯、二甲苯、萘等，见图1-1。这些基础原料可以制得各种基本有机原料，如甲醇、甲醛、乙醇、乙醛、乙酸、异丙醇、丙酮、苯酚等，应用于生活生产的方方面面。

石油化工装置的构成非常复杂，它根据加工石油和化工产品的不同工艺，分为多个不同的单元。通常包括以下几个基本部分：

a. 原料预处理单元。包括脱盐、脱水、脱硫等工序，用于准备和预处理原油，使之满足下游处理单元的要求。

b. 分馏单元。如常压蒸馏塔和减压蒸馏塔，用来将原油分馏成不同沸程的产品，如石脑油、柴油、润滑油基础油等。

c. 转化单元。包括催化裂化、延迟焦化、加氢裂化、催化重整、烷基化等工艺，这些过程可以增加轻质油品产量，提高原油的附加值。

d. 治理和处理单元。涉及油品的脱硫、脱氮、脱氧、脱盐等深度处理步骤，以及废水和废渣的处理、废气治理等环保工序。

② 天然气化工装置。天然气是世界第三大能源，地位仅次于煤炭、石油，它具有安全性能高、热值大且使用洁净的优点。天然气燃料是各种替代燃料中最早使用的一种，广泛用作城市煤气和工业燃料；通常所称的天然气指贮存于地层较深部的一种富含碳氢化合物的可燃气体，而与石油共生的天然气常称为油田伴生气。由于天然气与石油同属埋藏地下的烃类资源，有时且为共生矿藏，其加工工艺及产品之间有密切的关系，故也可将天然气化工归属于石油化工。

天然气通过净化分离、裂解、蒸汽转化、氧化、氯化、硫化、硝化、脱氢等化学加工，可制成合成氨、甲醇及其加工产品甲醛、乙酸等。

天然气化工装置主要包括以下几部分：

a. 预处理系统。包括脱硫单元、脱水单元等，用于去除天然气中的硫化物、水分等杂质，确保后续加工过程的安全和效率。利用压缩系统将净化后的天然气压缩到所需的压力，以便进行后续加工或输送。

b. 反应系统。天然气在转化炉或反应器中与蒸汽、氧气等反应物发生化学反应，生成一氧化碳、氢气等合成气或其他目标产物。

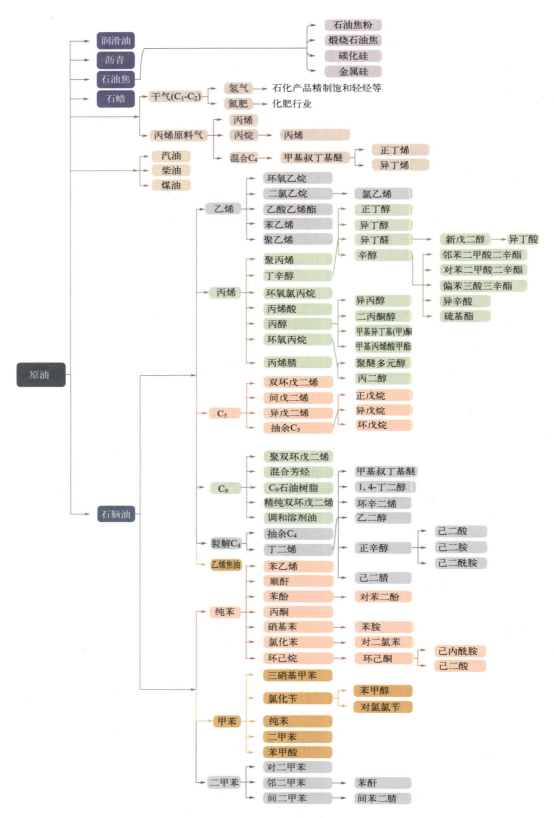

图1-1 以原油为原料得到基础化学品

　　c.分离与提纯系统。主要利用物理或化学方法将天然气中的各种组分进行分离和提纯，以满足后续加工或使用的需求。主要设备有蒸馏塔、吸收塔、萃取塔等。

　　d.储存与运输系统。储存系统用于储存原料天然气、中间产品或最终产品，输送系统包括管道、泵等设备，用于将天然气或产品从一个地点输送到另一个地点。

　　我国的天然气主要分布在新疆（西气东输气源）、陕西（鄂尔多斯盆地、陕京线气源）、四川（川气东送气源）和渤海湾大陆架。总体特征是西多东少、北多南少。

　　🏷1997年，陕京一线建成，我国天然气从油气田周边利用发展为远距离跨区利用。

　　🏷2010年，西气东输二线建成投产，我国天然气产业开始迅猛发展。

　　🏷2019年，国家管网集团成立，我国天然气基础设施建设进入新纪元。

　　当前，国内天然气输送管网已经初具规模，互联互通取得进展，储备库建设正逐步加快。实现了"西气东输、北气南下、海气登陆、就近外供"的供气格局。随着中俄东线天然气管道通气，中国四大进口天然气通道全部贯通，已形成"横跨东西、纵贯南北、覆盖全国、连通海外、资源多元、调度灵活、安全可靠"的天然气管网输送体系。

　　③煤化工装置。煤化工是指以煤为原料，经化学加工使煤转化为气体、液体和固体燃料以及化学品的过程。煤化学加工过程主要包括煤的气化、液化、干馏以及焦油加工和电石乙炔化工等。煤中有机质的化学结构，是以芳香族为主的稠环为单元核心，由桥键互相连接，并带有各种官能团的大分子结构。

　　煤化工装置主要包括以下几部分：

　　a.原料处理与预处理系统。利用球磨机、棒磨机、干燥机、混合机等设备，将原煤加工成适合后续处理的煤粉或煤浆。通过破碎磨粉设备进一步细化煤粉，确保粒度满足气化等后续工艺的要求。

　　b.核心转化系统。这是煤化工装置的核心部分，包括气化炉、喷嘴、高温热电偶等设备。气化炉内，煤在高温条件下与气化剂（如氧气、水蒸气等）发生化学反应，生成合成气（主要成分为 CO 和 H_2）。根据具体工艺的不同，还可能包括煤焦化装置（用于煤的干馏）、煤液化装置（将煤转化为液体燃料）等。

　　c.净化与合成系统。变换装置将气化生成的合成气中的 CO 转化为 H_2，以调整气体成分满足后续合成工艺的要求；净化装置包括脱硫、脱碳等工艺，用于去除合成气中的杂质，如硫化物、二氧化碳等；合成装置利用净化后的合成气合成目标化工产品，如甲醇合成装置、氨合成装置等。

　　d.产品分离与提纯系统。利用精馏塔、回收塔等设备，进行产品分离与提纯，得到高纯度的目标产品。

加油站

煤化工的发展趋势

　　《煤炭工业"十四五"现代煤化工发展指导意见》提出积极拓展煤制清洁能源和燃料领域，节约油气资源，加大煤制氢技术研发和推广应用力度，加快研发和完善甲醇直接燃烧、改性、高效转化技术以及民用燃料技术，发展以甲醇为原料的深加工产业。《现代煤化工行业节能降碳改造升级实施指南》提出要加快淘汰不符合绿色低碳转型发展要求的落后工艺技术和生产装置等要求。未来，现代煤气化技术将在延伸产业链技术、拓宽产品技术、低阶煤高效综合利用技术、"三废"处理技术、重大装备研制等方面有望实现重大创新和突破。同时，新型煤化工发展空间巨大，新型煤化工以生产洁净能源和可替代石油化工的产品为主，如油品、天然气、二甲醚、烯烃、乙二醇等。大力发展新型煤化工产业，特别是煤制油、煤制烯烃等煤基替代方案对实施原油替代有重要意义，是国家战略性能源储备的重要发展方向之一。

（2）基础化工装置　主要用于生产大宗的基础化学品，这些基础化学品通常是大量生产并被用作其他化工产品或工业过程的原料。基础化学品包含以下类别：

无机化学品
- 碱金属化合物、无机酸类、气体、盐类等

有机化学品
- 烃类、醇类、有机酸类、醛、酮、醚及其他有机溶剂

肥料
- 氮肥、磷肥、钾肥

合成树脂
- 聚乙烯、聚丙烯、聚氯乙烯、聚对苯二甲酸乙二醇酯等

合成纤维
- 涤纶、尼龙、腈纶等

橡胶
- 合成橡胶

石油产品
- 汽油、柴油、润滑油等

基础化工装置通常具有大规模和高能耗的特点，因为它们需要处理巨大的物料流量，其设计和操作都着眼于高效率和低成本。这些装置主要包括大型的反应器、分馏塔、热交换器、储罐等。

（3）精细化工装置　精细化工装置生产的是功能性强、附加值高的精细化学品。这类装置的特点通常包括：

① 生产规模较小。与基础化工相比，精细化学品往往是按需生产，批量较小。

② 生产工艺复杂。精细化学品的合成路径通常较长，步骤较多，反应条件要求严格。

③ 产品种类多样。同一个装置可能需要适应多种产品的生产。

④ 质量控制严格。产品的纯度、性能等参数要求高，对分析检测的依赖大。

⑤ 灵活性要求高。装置通常需要能够快速地从一种产品的生产切换到另一种产品。

⑥ 环保要求严格。精细化学反应可能产生有害副产品，需要严格的环境控制技术。

常见的精细化工装置有：

① 药品合成装置。用于生产各种药物，包括原料药和制剂。

② 农药生产装置。用于合成各类杀虫剂、杀菌剂等农用化学品。

③ 染料和颜料生产装置。用于合成纺织、塑料、油漆等行业的染料和颜料。

④ 香精香料生产装置。用于合成食品、日化等行业使用的香精香料。

⑤ 催化剂和助剂生产装置。用于生产化学合成和工业生产中使用的催化剂和助剂。

⑥ 专用化学品装置。如光电材料、液晶显示材料、光导纤维等高科技领域使用的特种化学品。

加油站

什么是"电子化学品"？

　　电子化学品，也称作电子化工材料，是指为电子工业配套的精细化工产品。电子化学品是一种专项化学品，就生产工艺属性而言，属于精细化工行业；就产品用途而言，属于电子材料行业。

　　① 集成电路和分立器件用化学品，如芯片生产用光致抗蚀剂、超净高纯试剂、超净高纯气体、塑封材料等；

　　② 彩电用化工材料，如彩色荧光粉、为彩管配套的水溶性抗蚀剂、高纯度无机盐、有机膜等；

　　③ 印刷线路板用化工材料，如干膜抗蚀剂、油墨、化学和电镀铜镀液及其添加剂、表面组装工艺用导电浆料、清洗剂、液态阻焊光致抗蚀剂、贴片胶、导电胶、焊膏、预涂焊剂、免清和水洗工艺用焊剂等；

　　④ 液晶显示器件用化工材料，如液晶、光致抗蚀剂、取向膜、胶黏剂、浆料、电解液、薄膜和包封材料、偏振片、抛磨材料等。

三、化工装置的构成

　　化工装置的构成可以根据其功能来划分，主要包括以下几个部分：

　　（1）原料处理系统　　包括过滤、干燥、加热、冷却等设备，用于去除杂质或将原料调整到适合反应的状态。

　　（2）反应系统　　反应系统是化工装置的核心部分，反应器的类型有很多，如搅拌反应器、固定床反应器、流化床反应器等。

反应器

　　（3）分离纯化系统

　　① 蒸馏塔。用于分离具有不同沸点的液体混合物。

　　② 气液分离器。用于分离气体和液体。

　　③ 过滤器和离心机。用于固液分离。

　　④ 干燥器。用于去除物料中的水分或其他可挥发性液体成分。

　　⑤ 吸收塔、洗涤塔。用于去除或回收气体中的特定组分。

板框式过滤器

　　（4）热交换系统　　用于加热和冷却过程流体，包括管壳式换热器、板式换热器、管板式换热器等多种类型。

　　（5）物料输送系统

　　① 泵。用于输送液体。

　　② 压缩机。用于输送气体。

管板式换热器

　　③ 输送带和螺旋输送机。用于固体物料的搬运。

　　（6）控制系统　　包括温度、压力、流量、液位等控制仪表和调节器，是实现过程自动化的关键。

　　（7）废物处理和环境保护系统

　　① 废气处理装置。如焚烧炉、吸附塔、洗涤塔等，用于处理产生的废气。

　　② 废水处理装置。包括沉淀、中和、生物处理等工艺。

（8）辅助设施

① 能源供给系统。如蒸汽、电力、冷冻水、压缩空气等。

② 仓库和储存设施。用于储存原料、产品、副产品和废料。

（9）安全设施

① 应急设备。如安全阀、泄压装置、紧急停车系统等。

② 消防系统。包括消防喷淋、火警探测器等。

每个化工装置都会根据所需生产的化学品和工艺特点，对上述系统或设施进行不同的配置和设计。

四、典型化工装置生产工艺详解

1. 催化裂化装置工艺

催化裂化是石油炼制过程之一，是在高温和催化剂的作用下使重质油发生裂化裂解反应，转变为裂化气、汽油和柴油等的过程。催化裂化工艺过程，一般由三个部分组成，即反应再生系统、分馏系统、吸收稳定系统。对处理量较大、反应压力较高的装置，常常还有再生烟气的能量回收系统。表 1-1 是催化裂化装置三个主要系统的工艺流程。

表 1-1　催化裂化装置三个主要系统的工艺流程

系统名称	工艺流程
反应再生系统	

系统名称	工艺流程
反应再生系统	① 新鲜原料油经油浆换热器加热后与回炼油浆混合至 180～250℃后至催化裂化提升管反应器下部的喷嘴； ② 原料油通过喷嘴由蒸汽雾化并喷入提升管反应器内，在其中与来自再生器的高温催化剂（650～750℃）混合接触； ③ 随即汽化在分子筛催化剂上进行碳正离子反应，生成各种反应产物油气； ④ 反应产物油气在提升管内停留几秒钟后，经旋风分离器分离出待生催化剂（积有焦炭的催化剂）后进入分馏塔； ⑤ 待生催化剂由沉降器落入下面的汽提段； ⑥ 汽提段内装有多层"人"字形挡板并在底部通入过热水蒸气，待生催化剂上吸附的油气和颗粒之间的油气被水蒸气置换出也进入分馏塔； ⑦ 经汽提后的待生催化剂通过待生斜管进入再生器与主风中的烟气燃烧，产生热能提供反应热，同时将待生催化剂上焦炭燃尽变成再生剂，再进入提升管反应器，如此循环
分馏系统	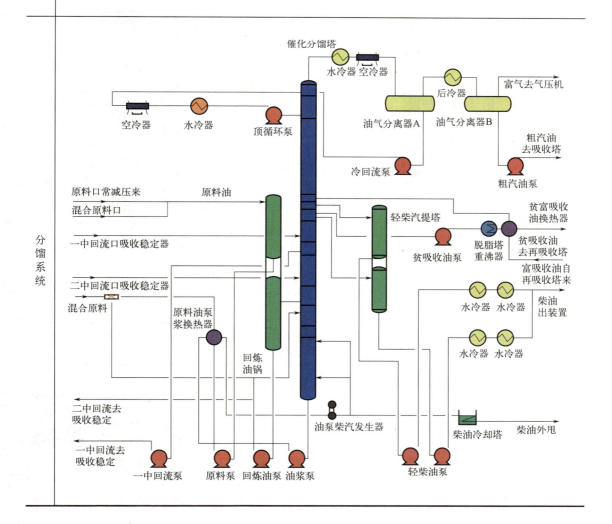

系统名称	工艺流程
分馏系统	① 由反应/再生系统来的高温油气进入催化分馏塔下部，经装有挡板的脱过热段脱热后，进入分馏段，经分馏后得到富气、粗汽油、轻柴油、重柴油、回炼油和油浆。 ② 富气和粗汽油去吸收稳定系统；轻、重柴油经汽提、换热或冷却后出装置，回炼油返回反应-再生系统进行回炼。 ③ 油浆的一部分送反应再生系统回炼，另一部分经换热后循环回分馏塔。为了取走分馏塔的过剩热量以使塔内气、液相负荷分布均匀，在塔的不同位置分别设有4个循环回流：顶循环回流、一中段回流、二中段回流和油浆循环回流。 ④ 催化裂化分馏塔底部的脱过热段装有约十块人字形挡板。由于进料是460℃以上的带有催化剂粉末的过热油气，因此必须先把油气冷却到饱和状态并洗下夹带的粉尘以便进行分馏和避免堵塞塔盘。因此由塔底抽出的油浆经冷却后，返回人字形挡板的上方与由塔底上来的油气逆流接触。一方面使油气冷却至饱和状态，另一方面也洗下油气夹带的粉尘
吸收稳定系统	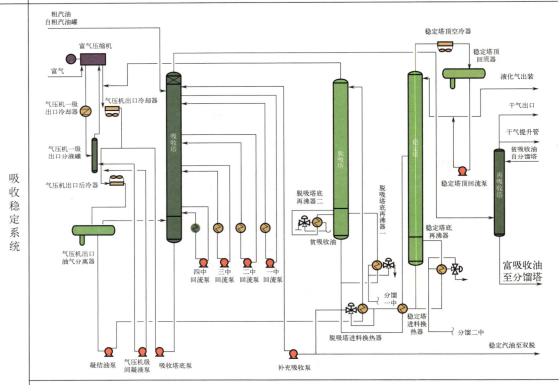 ① 从分馏塔顶油气分离器出来的富气中带有汽油组分，而粗汽油中则溶解有 C_3、C_4 组分。 ② 通过吸收稳定系统将汽油、液态烃及干气精准分离

2. 聚乙烯装置工艺

聚乙烯（polyethylene，简称 PE）是乙烯经聚合制得的一种热塑性树脂。在工业上，也包括乙烯与少量 α-烯烃的共聚物。聚乙烯可用一般热塑性塑料的成型方法加工，其用途十分广泛，主要用来制造薄膜、包装材料、容器、管道、单丝、电线电缆、日用品等，并可作为电视、雷达等的高频绝缘材料。

聚乙烯生产工艺分为气相法工艺、淤浆法工艺、溶液法工艺和高压聚乙烯工艺。以气相

乙烯系产品

法 Unipol 聚乙烯工艺为例，该工艺主要特点是：可采用钛系催化剂、固体铬系催化剂、茂金属催化剂、双峰催化剂生产高密度聚乙烯（High Density Polyethylene，HDPE）、线型低密度聚乙烯（Linear Low Density Polyethylene，LLDPE）和超低密度聚乙烯（Very Low Density Polyethylene，VLDPE）等具有不同性能的树脂产品，通常产品密度范围为 0.916～0.961g/cm³，熔体流动速率为 0.1～200g/10min，分子量范围为 3 万～25 万（根据催化剂类型可调节窄或宽分子量分布）。

该工艺反应器采用立式气相流化床，反应压力通常为 2.4MPa，反应温度 80～110℃。用常规的茂金属催化剂，无需脱除催化剂步骤。投资和操作费用较低，对环境污染较少。单线能力可达 4 万～45 万吨／年。目前国内采用该工艺的化工厂较多，主要为茂名石化、吉林石化、扬子石化等。

图 1-2 是气相法 Unipol 聚乙烯工艺流程。

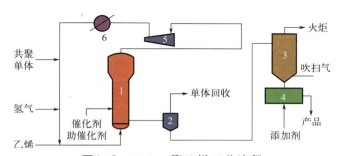

图 1-2 Unipol 聚乙烯工艺流程

1—反应器；2—产品卸料器；3—脱气仓；4—挤压造粒系统；5—鼓风机；6—冷却器

Unipol 工艺一般包括催化剂配制单元、原料精制单元、反应单元、造粒单元和风送单元。具体过程如下：

① 在装置开车时，需要预先向反应器中装入一定料位的 PE 粉料（种子床）。

② 在一定的压力下启动循环气压缩机，循环气体包括乙烯、1-丁烯（或 1-己烯）、氢气、氮气及其他惰性气体，将种子床流化，在约 89℃时进行种子床脱水置换。

③ 脱水完成后向反应系统注入助催化剂三乙基铝（TEAL）进行滴定和钝化，然后将乙烯、氢气、共聚单体等原料加入反应系统，并按照所生产的产品要求建立起各组分的目标浓度，最后向反应器中注入催化剂。

④ 粉料出料由流化床的料位来控制，产品通过出料系统从反应器间歇排入产品出料罐。未反应的气体和氮气经保护过滤器排入乙烯回收系统，产品风送到粉料仓。

⑤ 反应压力通过乙烯进料控制，气相乙烯在催化剂作用下生成固相乙烯后，反应器压力下降，自动控制系统通过向反应系统补充乙烯来维持压力的恒定。反应温度是通过循环气冷却器的冷却水来控制的，聚合产生的热量由未反应的气体带出，由循环气冷却器带走热量，最终返回反应器循环。正常反应器的床重为 34～35t 粉料。

3. 合成氨装置工艺

合成氨是大宗化工产品之一，世界每年合成氨产量已达到 1 亿吨以上，其中约有 80% 的氨用来生产化学肥料，20% 作为其它化工产品的原料。氨可生产多种氮肥，如尿素、硫酸铵、硝酸铵、碳酸氢铵等；还可生产多种复合肥，如磷肥等。氨也是重要的工业原料，可生产基本化学工业中的硝酸、纯碱及各种含氮无机盐，有机工业各种中间体，制药中磺胺药物，高分子中氨基塑料、丁腈橡胶等。

合成氨的原料是氢气和氮气。氮气来源于空气，可以在制氢过程中直接加入空气，或在低温下将空气液化、分离而得；氢气来源于水或含有烃的各种燃料。工业上普遍采用的是以焦炭、煤、天然气、重油等燃料与水蒸气作用的气化方法生产。

合成氨的工艺流程主要分为原料气制备、净化、氨合成三个阶段，流程简图见图1-3。

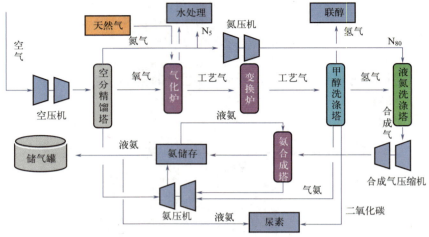

图1-3　合成氨工艺流程简图

① 原料气制备——将煤和天然气等原料制成含氢和氮的粗原料气。
② 净化——对粗原料气进行净化处理，除去氢气和氮气以外的杂质。
③ 氨合成——将纯净的氢、氮混合气压缩到高压，在催化剂的作用下合成氨。

拓展知识　常见的流程设置方案

化工装置的流程设计有一定的理由和依据，常见的流程设置方案见表1-2。

表1-2　化工装置常见流程设置方案

流程设置依据	流程设置方案
管帽或丝堵可以防止污染物进入阀门及排放管。当阀门轻微内漏时，也可以防止物料向外泄漏，这样就实现了双重隔离	管帽/丝堵
压力表更换检修时，切断阀用于确保装置的安全生产。放空阀用于压力表和切断阀间管道，起到泄压及介质排放作用，确保维修人员安全	PI　切断阀　放空阀

续表

流程设置依据	流程设置方案
调节阀与入口隔离阀之间，应设置放空阀，俗称导淋阀，以便检修调节阀前泄压并排放管道中残余介质	
调节阀组的旁路阀必须选用截止阀，以便在调节阀检修时，也能通过旁路的截止阀进行精细的手动流量调节	
蒸汽减压调节阀后，应配置安全阀，以免减压阀失灵时导致下游系统超压，影响系统安全操作。为了方便安全阀定期校验或更换，安全阀与主管道之间安装隔离阀门，并将其以铅封开模式管理	
蒸汽总管上的蒸汽调节阀前，应设置凝液疏水器，以防蒸汽水击影响调节质量及损坏管道	
离心泵或旋液泵出口一般应设置止回阀以防止泵停止运转时，大量液体物料返回泵体，造成叶轮逆转影响机泵使用寿命，且应注意止回阀安装方向。泵进口和出口管线，必须设置最低点放净阀，方便泵检修时进行工艺处理（吹扫、置换、排净）	

流程设置依据	流程设置方案
输送高温物料的离心泵若设有备用泵时，应设置暖泵线，否则备用泵投入运行时，会因为突然升温而产生热冲击、热膨胀而损坏机泵。设置暖泵管线时，注意阀门的方向	
当离心泵运行中遇到工作流量低于额定流量一定百分数时（此量由泵制造厂规定），应设置最小流量管线，且最小流量管线返回的位置，应是吸入罐或其他系统，最好不要直接返回进泵管线，以免造成物料温度的升高	
从处于负压状态的容器吸入液体的离心泵，在泵出口闸阀前的管线上，必须设置平衡管，否则将影响灌泵排气	
噪声严重的鼓风机以及压缩机的气体进出口，应设置消声器，以减轻对环境的噪声污染，对振动较大的风机其进出口还应设置挠性接头与管线连接	
储存物料的各种容器，设置最低点放净阀以便清洗和检修设备时使用	

续表

流程设置依据	流程设置方案
储存剧毒、危险的物料，或氢气等处的储槽，其进出口、压力表等设置双阀，便于抽插盲板	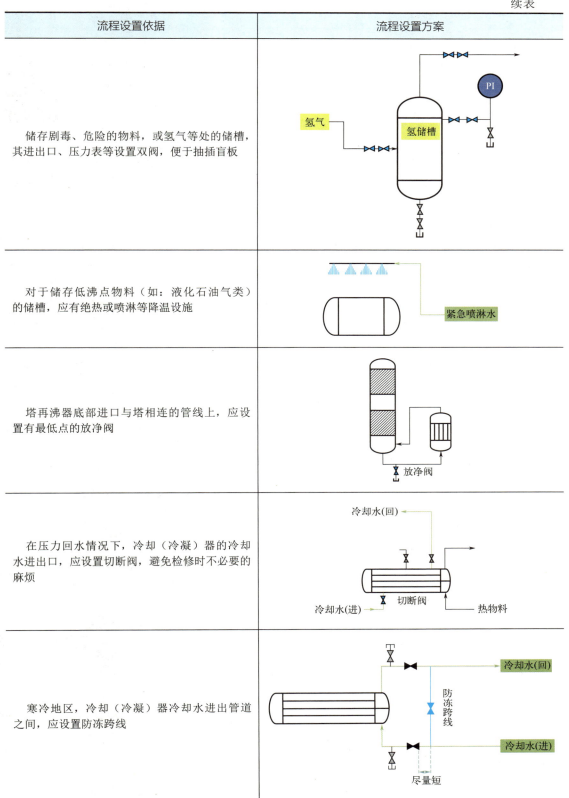
对于储存低沸点物料（如：液化石油气类）的储槽，应有绝热或喷淋等降温设施	
塔再沸器底部进口与塔相连的管线上，应设置有最低点的放净阀	
在压力回水情况下，冷却（冷凝）器的冷却水进出口，应设置切断阀，避免检修时不必要的麻烦	
寒冷地区，冷却（冷凝）器冷却水进出管道之间，应设置防冻跨线	

任务指导

认识化工生产工艺流程通俗说法就是"摸流程"，借助工艺流程图（Process Flow Diagram，PFD）和管道仪表流程图（Piping and Instrumentation Diagram，PID）掌握生产现场所有设备及管道内介质的所有信息（名称、流向、温度、物化性质等），熟悉管路中的阀门、仪表的种类、作用、重要参数及运行状况。

PFD、
PID识读

化工装置尤其是连续装置流程长，设备多，管线错综复杂，对化工生产的初学者来说往往感到无从下手，掌握以下方法、要领或技巧有助于对流程的理解和认识，使"摸流程"事半功倍。

1.采集基本信息

在识读流程图和现场"摸流程"之前，需要掌握生产工艺的基本信息，包括原料、产品、主要设备、操作方式、化学反应等方面的信息，可以从岗位操作规程和生产工艺说明中获取这些信息。

（1）原料、产品信息的采集　原料和产品是指在化工生产过程中所使用的主、辅材料和通过生产得到主、副产品。它们的相关信息主要包含物料的名称、物理性质和化学性质等。

（2）生产设备及操作方式信息的采集　生产设备的信息主要是指化工生产过程中所使用设备的名称、型号等相关信息。操作方式信息是指各化工单元操作所选用方式的信息，例如传热单元，它的操作信息主要是指传热介质、传热方式等信息。

（3）化学反应信息的采集　化学反应信息是指在化工生产过程中所发生的化学变化的相关信息。化学反应信息主要包括：化学反应方程式和反应类型。

2.理清生产过程

无论采用何种工艺方法，任何化工产品的生产过程都包含反应过程和分离过程，见图1-4。理清生产过程的目的就是在具体认知工艺流程之前对生产工艺具备整体认知。

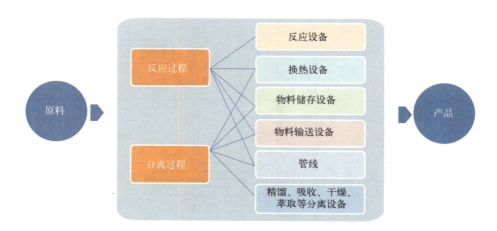

图1-4　化工产品生产过程

3. 找到关键设备

"摸流程"时，可以反应器、精馏塔等关键设备为切入口，再向外发散摸清其相连的管路流程。反应釜、反应器、反应塔等进行化学反应的设备被认为是化学反应工艺流程中的关键设备，泵为流体输送工艺流程中的关键设备，换热器为能量传递工艺流程中的关键设备，精馏塔、吸收塔、过滤器、干燥器等为分离工艺流程中的关键设备。如何找到这些设备呢？最简单的方法就是依据安装在设备上的铭牌或设备的外形来辨识这些设备。

4. 分解工艺流程

对于工艺路线较长的流程，可以将该生产工艺流程分解成若干个小的、单元式的工艺流程，有几个关键设备就可以分成几个小的工艺流程。一个化工产品的生产工艺流程通常可分解为物料的计量、输送、传热、化学反应、精馏、吸收、过滤、干燥、包装等单元式的工艺流程。

5. 认清主物料走向

化工装置管路中的物料除了原料和产品外，还有催化剂、添加剂等各种辅料以及蒸汽、水、氮气等各种公用工程介质，"摸流程"时要从错综复杂的管路中首先找到主物料的管路，认清主物料走向，再带动认知相关的其他辅助管路及物料走向，做到提纲挈领、纲举目张。绘制流程示意图（图1-5）或流程框图（图1-6）有助于主物料流程的记忆和理解。

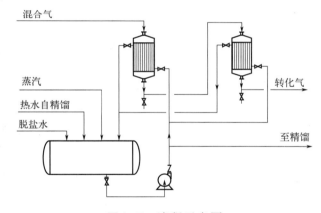

图1-5　流程示意图

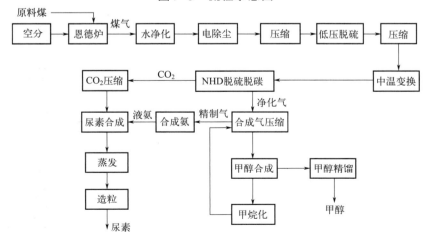

图1-6　流程框图

管路中物料的名称主要以采集的基本信息和管道色标来加以确定。通常以关键设备为起点，沿着管路的走向，借助管道箭头标识、管路中的阀门、测量仪表确定管路中物料的流动方向。例如截止阀的安装具有方向性、输送泵的出口通常安装压力表。

6. 分步绘制工艺流程图

工艺流程图的绘制对于记忆和理解工艺流程至关重要，它不仅是验证是否掌握工艺流程的有效方法，也是梳理和优化流程的重要工具。在绘制工艺流程图时，需要遵循循序渐进的原则，从简单到复杂，逐步深入。可以先将整个工艺流程分解为若干个单元或工段，然后逐一绘制这些单元或工段的流程图，最后再将它们组合起来，形成完整的工艺流程图。在绘制过程中，可以参考已有的流程图来辅助理解和记忆，但更重要的是要凭自己的记忆和理解来绘制，以确保真正掌握了工艺流程。

课后思考与探究

1. 简述连续生产装置和间歇生产装置的特点和应用情况。

2. 简述化工装置的构成部分及各部分的功能。

3. 何谓绿色化学工艺？清洁生产对化学工业有何意义？查找资料，描述一个以清洁能源为原料的化工生产工艺案例。

4. 简述化工装置流程认知的方法与技巧。

5. 调研一家化工企业，选定该企业的一套化工装置，对装置生产工艺进行了解并分析生产难点和风险，完成表 1-3。

表 1-3　企业调研表

项目	内容
企业介绍	
装置和工艺介绍	
原料和产品分析	
工艺流程框图	
主要设备	
主要风险	

任务二　装置自动控制和联锁认知

任务描述

　　对照 PID，读懂装置自动控制和联锁方案，描述自动控制和联锁系统的工作过程和设计依据，为生产过程中的 DCS（Distributed Control System，分布式控制系统）操作做好准备。

任务目标

1. 能说出化工生产中自动控制和联锁的意义。
2. 能简述化工典型过程的自动控制方法。
3. 能根据 PID 说出装置自动控制方案。
4. 能根据 PID 说出装置联锁方案。
5. 知晓信息技术在化工生产中的应用，培养信息化素养。
6. 能解释自动控制和联锁系统在安全生产中的作用。

基础知识

一、化工自动控制

1. 化工自动控制的定义

　　化工自动控制是指在化工生产过程中，使用自动化技术和设备来监测和控制生产过程的技术。通常包括温度、压力、流量、液位、化学成分等关键参数的控制。

　　化工自动控制系统通常包括传感器、执行机构（如阀门和泵）、控制器和人机界面。这些系统可以基于预定的程序自动运行，也可以根据实时数据调整参数，确保产品质量和过程效率。

2. 化工自动控制的意义

　　化工生产采用自动控制的意义重大，具体表现在以下几个方面：

　　（1）提高生产效率　自动控制系统能够 24h 不间断地监控和调整生产过程，减少了因人为因素导致的停机时间。

　　（2）保证产品质量　自动控制可以精确控制原料的配比和反应条件，确保产品的质量和一致性。

　　（3）增强过程安全　化学工业的生产过程往往涉及易燃、易爆、有毒和腐蚀性物质，自动控制可以实时监测工艺参数，及时发现和处理异常情况，减少事故风险。

　　（4）节约能源和原料　通过优化控制策略，自动控制系统能够更有效地使用能源和原料，减少浪费。

（5）环境保护　自动控制有助于控制和减少有害物质的排放，符合环保要求。

（6）适应性和灵活性　自动控制系统可以迅速适应生产需求的变化，调整生产规模和转换生产线。

（7）降低劳动强度　自动控制减少了对操作人员的依赖，降低了工作强度，改善了操作人员的工作环境。

因此，化工自动控制技术的应用对于提升整个化工行业的技术水平、生产效率、经济效益和社会效益至关重要。

想一想

化工生产中完全采用自动控制吗？

在现代化工生产过程中，手动控制通常作为自动控制的补充存在，确保在自动控制系统无法应对的情况下能够安全有效地进行生产操作。一般来说，以下几种情况还是以手动控制为主：

（1）紧急情况　在紧急情况下，如自动控制系统故障或检测到异常情况，操作人员可能需要采取手动控制来迅速解决问题。

（2）复杂或非标准化操作　对于一些复杂的操作，可能需要专业知识和人的判断，自动控制系统难以处理这些复杂性问题，因此需要人工介入。

（3）调试和维护　在新系统启动初期或进行设备维护时，工程师和技术人员可能需要手动操作以调试系统。

（4）低成本或小规模生产　对于一些小规模的生产操作，投资自动控制系统可能不经济，手动控制成本更低。

（5）非连续或间歇性操作　对于一些非连续或间歇性的操作，自动化可能不是必要的，因为这些操作不频繁或者每次操作的条件都不同。

（6）数据不足或无法预测的情况　在某些情况下，如果没有足够的数据来编程自动控制系统，或者过程过于复杂、无法预测，手动控制可能是唯一的选择。

（7）监控自动控制系统的性能　有时候，即使使用了自动控制系统，操作人员也需要进行手动监控，以确保系统正常工作并及时发现潜在问题。

3.化工自动控制的主要方法

对高危作业的化工装置最基本的安全要求应当是实行温度、压力、流量、液位的自动调节与超高（低）报警，最终实现工艺过程自动化控制。目前，常用的工艺过程自动化控制方式主要有：

（1）智能自动化仪表　智能仪表可以对温度、压力、流量、液位实现自动控制。

（2）分布式工业控制计算机系统，简称DCS，也叫作分布式控制系统　DCS是采用网络通信技术，将分布在现场的控制点、采集点与操作中心连接起来，共同实现分散控制集中管理。

（3）可编程序控制器（Programmable Logic Controller，PLC）　应用领域主要是逻辑控制、顺序控制。可用于取代继电器，也可以用于小规模的过程控制。

（4）现场总线控制系统（Fieldbus Control System，FCS）　FCS是基于现场总线的开放型的自动化系统，广泛应用于各个控制领域，被认为是工业控制发展的必然趋势。尤其是本质安全型总线，更加适合直接安装于石油、化工等危险防爆场所，减少发生危险的可能性。

（5）各种总线结构的工业控制机　配置灵活，扩展使用方便，适应性强，便于集中控制。

以上控制方式都可以配备紧急停车系统（Emergency Shutdown System，ESD）和其他安全联锁装置。

二、化工装置联锁保护系统

1. 联锁保护系统的定义和意义

化工联锁保护系统是一种安全系统，它通过控制逻辑来防止工艺流程中的操作错误或设备故障可能导致的危险情况发生。这个系统是基于一系列预设的条件或规则来设计的，以确保在关键变量达到不安全阈值时自动采取措施，或在某些操作步骤未按照正确顺序进行时防止继续进行下去。

联锁保护系统是化工过程最高级的安全保护装置，是一种独立于生产过程控制的系统，是实现化工装置本质安全的重要手段，也是过程安全的最后一道屏障。一方面，在工艺装置出现异常情况时，要求控制系统能在许可的时间内将装置转入安全状态；另一方面，又要求保证控制系统本身在一个或多个关键环节出现问题时，避免生产装置的误停车，不影响生产的经济效益。

2. 联锁保护系统的主要特点和功能

（1）自动控制　联锁系统通常可以自动控制阀门、泵、压缩机等，以防止工艺参数超出安全运行范围。

（2）条件检测　它持续监测诸如压力、温度、流量和化学浓度等关键工艺参数。

（3）逻辑执行　如果检测到的参数不符合预设条件，联锁逻辑会执行必要的动作，如切断能源、关闭阀门、停止泵等，以防止事故发生。

（4）安全屏障　联锁系统提供了一个安全屏障，以防操作人员的错误或工艺控制系统的失效。

（5）多级保护　联锁通常分为多级，不同级别的联锁对应不同级别的风险。

（6）优先级管理　在复杂的控制系统中，联锁操作有其优先级，某些联锁动作可能会阻止其他非紧急操作的进行。

（7）故障安全设计　系统通常被设计为"故障安全"，意味着在发生故障时系统会自动进入或保持在安全状态。

（8）人机界面　现代联锁系统通过人机界面（Human Machine Interface，HMI）为操作人员提供清晰的界面，展示系统状态和报警情况。

（9）记录和报告　联锁系统可以记录事件和动作，为事故调查和过程改进提供数据。

以反应器温度控制的联锁保护为例：

设想一个化工厂的操作中包括一个需要在特定温度范围内进行反应的化学反应器。若反应是放热的，则反应器设计由冷却系统来控制温度。联锁逻辑可能如下：

正常操作范围：反应器温度 $80 \sim 100℃$。温度传感器实时监测反应器内的温度。

第一级联锁（警告级别）

如果温度升高到100℃以上，联锁系统将触发一个警告，并且启动增强冷却程序（例如打开额外的冷却水阀门）来试图降低温度。操作员会收到警报，可以进行手动干预。

第二级联锁（紧急动作级别）

如果温度继续升高到110℃，联锁系统将进行紧急动作，比如自动减少或停止反应物的供应，或者完全开启冷却系统以防止可能的热失控反应发生。

第三级联锁（安全停车级别）

如果温度达到危险水平，如120℃，联锁系统将触发紧急停车程序，立即停止所有反应并关闭所有输入和输出，确保系统处于安全状态。

　　在这个例子中，联锁保护系统通过不同级别的预防措施，确保了反应器在操作过程中始终保持在安全的温度范围内。如果温度超出安全范围，系统会自动采取措施来纠正或防止潜在的安全事故发生。这样的设计既考虑了设备和生产的安全，也减轻了操作员的负担，使得整个化工过程更加稳定和安全。

3. 化工常见设备的联锁保护动作

化工常见设备的联锁保护动作见表1-4。

表1-4　化工常见设备的联锁保护动作

序号	设备	联锁保护	设计意图/启动原因	联锁动作
1	泵	入口压力低联锁	入口压力低容易导致管网负压，进而抽扁设备或管道	停泵
		出口压力高联锁跳车	出口压力高容易导致电机过载	
		电流过大跳车	保护出口设备管网，防止电机过载	
2	锅炉汽包	压力高联锁	防止汽包超压	停锅炉，泄压阀打开
		液位超低限/高限联锁	防止汽包液位失控	高限放水，低限停炉
3	硝化反应器	硝化釜温度高联锁	冷却水量不够，反应剧烈	停车
		硝化釜搅拌器电流低/高联锁	搅拌器工作不正常	
		硝化进料流量低联锁	供料不足	
		硝化装置停电联锁	停电	
4	加氢反应器	加氢釜温度高联锁	超温爆炸危险	关闭进料阀
		进料压力低联锁	压力过低进不去物料	
		加氢釜压力高于进氢气压力联锁	压力过高氢气供料困难	
		加氢釜盘管压力低联锁	循环水供水不足	

续表

序号	设备	联锁保护	设计意图/启动原因	联锁动作
5	精馏塔	手动停车联锁	便于快速主动停车	停车
		系统停电联锁	虽然有 UPS 供电，但是必须停车	
		停循环水联锁	塔温容易失控，必须停车	
		仪表风压力低联锁	导致所有气动阀门处于故障保护位置，必须停车	

4.联锁保护系统在 PID 中的表示方法

如图 1-7 所示，在 PID 中，用 ⬜ 表示该阀门接受联锁信号。

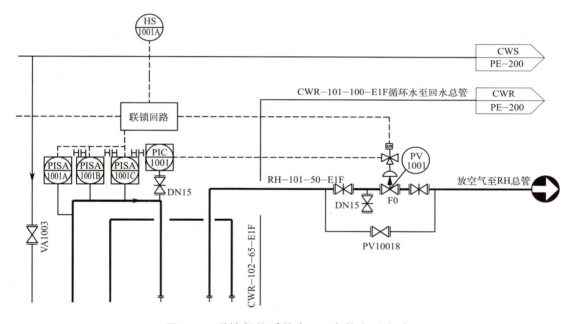

图1-7 联锁保护系统在PID中的表示方法

拓展知识 化工生产中的"洋葱模型"保护层

"洋葱模型"也称为"防护层模型"或"安全层模型"，见图1-8，用于说明化学工厂或过程安全管理中的多层次保护措施。

在"洋葱模型"中，最内层通常代表最直接的物理和化学工艺操作，而每向外一层，都表示一个不同类型的安全层。当一个保护层失效时，剩余保护层仍可起作用，从而预防事故的发生，避免严重后果。

"洋葱模型"保护层由内至外共划分为七层，分别为：过程设计、基本过程、关键报警和人员干预、安全仪表系统、物理保护、释放后物理保护、工厂及周边社区应急响应。

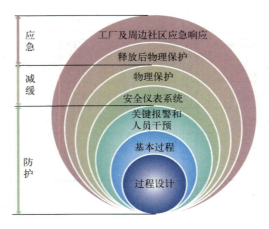

图1-8　化工生产中的"洋葱模型"保护层

过程设计

即本质安全设计,从根本上消除或减少工艺系统存在的危害。如:容器或管道设计可承受事故产生的高温、高压等。

基本过程

即分布式控制系统(DCS),是执行持续监控和控制日常生产过程的控制系统。如:设备的温度控制、液位控制等。

关键报警和人员干预

是指操作人员或其他工作人员对报警响应,或在系统常规检查后,采取防止出现不良后果的行动。如:反应器温度高报警和人员响应。

安全仪表系统

安全仪表系统通过检测超限(异常)条件,控制过程进入功能安全状态,阻止危险事件的进行。

物理保护

提供超压保护,防止容器的灾难性破裂。如:安全阀、爆破片等。

释放后物理保护

当储罐破裂物料泄漏时,围堰将起到收集的作用,确保物料不会随意流淌,导致危害向四处扩散。

工厂及周边社区应急响应

前期制定应急预案,对应急准备和应急响应各方面做出详细安排,应急预案也是开展及时、有序和有效事故应急救援工作的行动指南。

任务指导

以碳二加氢装置的分离工段为例讲解根据 PID 认知装置自动控制方案和联锁保护系统的方法。

根据 PID 图（见书后附图 7），乙烯装置碳二加氢分离工段包含简单控制和复杂控制两类，具体见表 1-5 和表 1-6。

碳二加氢装置
主要控制单元
和联锁系统

1. 识读 PID 图，认知简单控制逻辑

表 1-5　简单控制逻辑

序号	仪表位号	被控参数	动作阀门位号	控制逻辑
1	PICAS2002	精馏塔塔顶压力	PV2002	通过回流罐上的 PV2002 的开度来控制塔顶压力
2	FIC2005	乙烯出料流量	FV2005	通过乙烯出料管线上的阀门 FV2005 开度控制乙烯出料流量
3	LICA2001	精馏塔塔釜液位	LV2001	通过塔釜料液采出管线上的阀门 LV2001 开度控制塔釜液位

2. 识读 PID 图，认知复杂控制逻辑

表 1-6　复杂控制逻辑

控制方式	仪表位号	被控参数	动作阀门位号	控制逻辑
串级控制	TIC2052（主控）、FIC2001（副控）	塔釜温度、塔釜再沸器蒸汽流量	FV2001	精馏塔塔釜温度与塔釜再沸器蒸汽流量形成串级控制，当需要投用串级控制时，主控 TIC2052 投自动，设定塔釜温度值，副控 FIC2001 投串级
串级控制	PRCAS2001（主控）、FIC2003（副控）	塔顶压力、塔顶冷凝器冷源流量	FV2003	精馏塔塔顶压力与塔顶冷凝器冷源流量形成串级控制，当需要投用串级控制时，主控 PRCAS2001 投自动，设定塔顶压力值，副控 FIC2003 投串级
串级控制	LIC2002（主控）、FIC2004（副控）	回流罐液位、回流液流量	FV2004	精馏塔回流罐液位与塔顶回流量形成串级控制，当需要投用串级控制时，主控 LIC2002 投自动，设定回流罐液位值，副控 FIC2004 投串级

3. 识读 PID 图，认知联锁保护系统

本装置通过自动控制和联锁构成精馏塔的塔顶超压三级保护系统，工作过程见表 1-7。

表1-7　三级保护系统工作过程

控制方法	动作阀门位号	工作过程描述
正常调节	FV2003	正常运行时，通过调节进冷凝器 E202 的冷剂流量，从而改变塔顶气相出料的冷凝速度，以此达到控制塔压的目的。塔压升高时，开大冷剂流量，加快冷凝速度，使塔压回降，反之亦然
高报动作	FV2002	如果调节回路 PRCAS2001 仍不能使塔压回落，则调节回路 PICAS2002 迅速使回流罐 V201 上的调节阀 PV2002 打开，使塔压回落，保持压力正常
联锁动作	FV2001	如果 PICAS2002 动作后，塔压仍继续上升，当压力达到联锁压力时，压力报警单元 PSA2003 动作，通过联锁系统使塔釜再沸器调节阀 FV2001 关闭，切断再沸器的热源，迫使塔压回落

课后思考与探究

1. 试判断图 1-9（a）（b）控制方案是否正确。

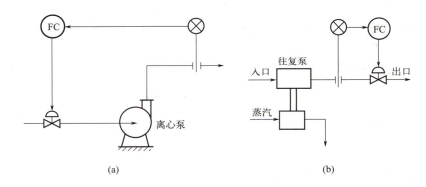

（a）　　　　　　　　　　　　　　（b）

图1-9　控制方案

2. 下面是固定床反应器温度的几种控制回路示意图，请分别填写出控制方法。
① 通过_____调节反应器温度　　② 通过_____调节反应器温度

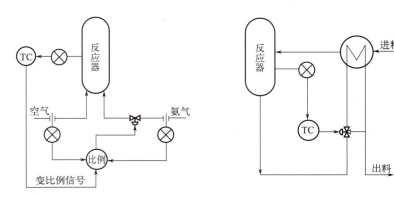

③ 通过_____调节反应器温度   ④ 通过_____调节反应器温度

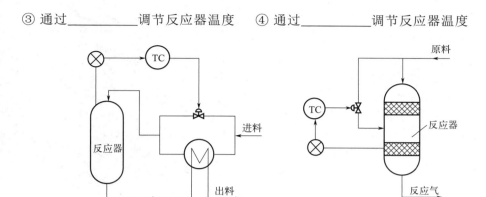

3. 化工生产中联锁保护的意义是什么？

4. 图 1-10 为一放热催化反应器的局部流程。原料气在预热器内加热后进入反应器。反应以后的反应气作为预热器内的载热体，放出部分热量后再进入下一工序。

试问：①为什么要增加此控制回路？②描述此控制回路的工作过程。

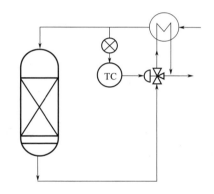

图1-10   放热催化反应器的局部流程

学习情境二
装置开车前准备

　　装置开车前，要开展全面安全检查，对管路、设备进行吹扫、试压、单体试车、联动试车等操作，要准备好原料和各种生产所需的其他物料，启动公用工程，为装置开车做好充分准备。

学习目标：

- 知晓装置开车前的准备工作及做法。
- 能对照开车检查表执行装置开车前安全检查。
- 能正确规范执行物料准备、系统吹扫与试压、公用工程引入、试车等装置开车前各项准备任务。

任务一　开车前安全检查

任务描述

化工装置开车流程复杂，步骤繁多。稍有不慎，就会留下安全隐患甚至引发事故，开车前的安全检查就是要对照检查清单，对装置进行全面大检查，及时发现并排除隐患，确保开车过程的安全。

任务目标

1. 能说出开车前安全检查的定义、类型和目的。
2. 能概述开车前安全检查的内容。
3. 能简述开车前安全检查的实施方法。
4. 会编制开车前安全检查表。
5. 会根据开车前安全检查流程进行安全检查。
6. 具备风险辨识能力和安全生产意识。

基础知识

一、开车前安全检查的定义

开车前安全检查（pre-startup safety review）即在装置开车前，对所有设备、管道、仪表等相关要素，通过使用各类清单系统地进行检查确认，并将所有必改项整改完成，确保生产活动能够安全运行的过程，简称 PSSR。

PSSR 应用于所有新、改、扩建项目，新设备（包括租用设备）安装或修改后工艺、设备有所变更的装置，也应用于停工后和大修后重新开车。

 ⚠️ **事故警示**

> 2010 年 3 月 18 日，某公司有机胺车间甲醇循环槽发生爆裂。当日 12 时 40 分开始按照启动计划要求对装置进行泄压，14 时合成塔泄压，5min 后甲醇循环槽发生爆裂，所幸无人员伤亡。
>
> 通过对六塔管道进行拆检，发现在尾气塔后气液分离器出口法兰处有一个盲板，该盲板未做记录，现场也没有相关的标识。进入六塔的空气无法有效地排出，并通过气液分离器下部甲醇回流管线进入甲醇循环槽内，这就是造成甲醇循环槽超压爆炸的主要原因。

二、开车前安全检查的目的

PSSR 作为化工企业工艺过程管理中的重要因素，能帮助企业做好系统开车过程的安全保障。根据经验，尤其是危险化学品在系统开车时易出现工艺安全、设备安全方面的问题，做好安全审查显得尤为重要。开车前安全检查的主要目的包括：

（1）确认设备、管道、仪表等设施的安装跟设计或供应商要求相一致，并支持试开车操作运行。

（2）确认装置符合工艺安全管理规定的各项要求。

（3）评估装置是否考虑了后续操作、维修的要求，如操作的人机工程、维修通道和空间等。

（4）评估装置是否具备试开车的条件。

 法律法规

①《中华人民共和国安全生产法》第二十条：生产经营单位应当具备本法和有关法律、行政法规和国家标准或者行业标准规定的安全生产条件；不具备安全生产条件的，不得从事生产经营活动。

②《危险化学品建设项目安全监督管理办法》第三条第三款：建设项目未经安全审查的，不得开工建设或者投入生产（使用）。

三、开车前安全检查的类型

1. 新建或改建装置开车前安全检查

新建或改建装置首次开车，必须按开车组织管理流程进行全面的开车前安全检查，应使用投料试车综合检查表进行全面检查。

装置开车前检查施工的完成情况，确认生产装置的施工是否符合安全运行的要求。主要检查以下几方面。

① 检查设计的图样、施工记录、施工质量控制等资料是否齐全。

② 检查施工的完成情况，装置施工是否全部完工，施工现场是否清理完毕，有无明显的现场安全施工隐患。

③ 对照工艺完成施工情况的预检查，根据工艺要求，设计安全预检查表。

2. 技术变更后开车前安全检查

技术变更项目或系统开车前，除对变更项目本身进行检查外，还应对并入系统后的上下游的影响及流程功能匹配情况进行检查。技术变更后的 PSSR 应该注意以下几个方面：

（1）确保所有技术变更都已经被充分理解和记录，包括设计、操作和维护的改变。

（2）确认新的或修改后的系统是否符合最新的安全规范和行业标准。

（3）检查所有系统和设备是否按照修改后的设计正确安装和配置。

（4）确保所有相关的安全程序、紧急响应计划和操作指南都已更新，以反映技术变更。

（5）确保所有操作人员和维护人员都已接受关于变更内容的充分培训并理解新的风险和操作程序。

（6）进行详细的风险评估，以确定技术变更可能带来的新风险，以及如何通过设计、工程控制或管理控制来避免这些风险。

（7）在项目启动前，对修改后的系统进行全面的测试和验证，以确保其安全有效地运行。

（8）更新所有相关的技术文档和记录，以确保它们反映了技术变更。

3. 装置大检修后开车前安全检查

装置大修经常会有成套设备的更换、新技术及设备的应用、工艺设备的变更等，因此应在常规检查基础上重点组织对变更项目的检查，可使用开车条件确认表进行检查。

检修后因生产任务紧张，急需马上投产，开车前要做到：

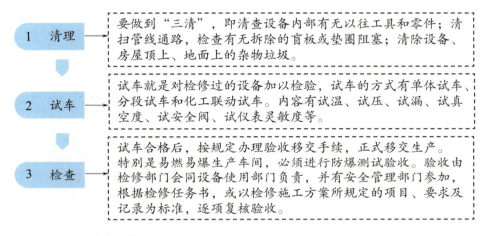

1 清理 → 要做到"三清"，即清查设备内部有无以往工具和零件；清扫管线通路，检查有无拆除的盲板或垫圈阻塞；清除设备、房屋顶上、地面上的杂物垃圾。

2 试车 → 试车就是对检修过的设备加以检验，试车的方式有单体试车、分段试车和化工联动试车。内容有试温、试压、试漏、试真空度、试安全阀、试仪表灵敏度等。

3 检查 → 试车合格后，按规定办理验收移交手续，正式移交生产。特别是易燃易爆生产车间，必须进行防爆测试验收。验收由检修部门会同设备使用部门负责，并有安全管理部门参加，根据检修任务书，或以检修施工方案所规定的项目、要求及记录为标准，逐项复核验收。

4. 紧急停车后开车前安全检查

因紧急停车易导致流程和反应突然中断，使设备管线堵塞、结焦等，甚至损坏。因此，开车前应重点检查关键设备、管线的流程功能，应当特别关注以下几点：

（1）彻底调查和分析紧急停车的原因，包括设备故障、操作错误、过程控制问题或外部因素。

（2）全面检查所有设备和系统以确保它们在紧急停车事件中未受损害，适合重新启动。

（3）对发现的所有问题进行必要的修复及维护，确保一切都按照安全标准进行。

（4）重新验证所有安全相关系统的功能，如紧急停止按钮、安全阀、泄压系统等，确保它们处于完好状态。

（5）如果紧急停车是由于过程控制或操作问题引起的，应更新相关的操作手册和培训材料。

（6）评估由紧急停车引起的新风险，并制定相应的缓解措施。

（7）制定和审查安全的重启计划，确保所有步骤按照正确顺序进行，避免启动过程中的风险。

在紧急停车后的 PSSR 中，重点是理解停车的原因，尽量确保所有问题都得到解决，并且任何必要的改进措施都已经到位，以防止未来类似的事件发生。

5. 日常维修后开车前安全检查

日常维修后开车是对重点设备维修后的正常开车。对维修设备变更部分、安装维修质量、安全附件及控制设施进行检查，可使用开车条件确认表进行检查。

四、开车前安全检查的检查内容

PSSR 的实施过程分为两个方面，一是施工方进场前的资料审查，二是对装置设备实施的现场检查。

资料检查对象包括相关图纸、设计文件等。相关技术人员对工艺技术资料、电气仪表检测数据与记录、消防等信息资料进行审查。资料检查采取集中查看的方式。

现场检查采取现场实地勘查、详细检查与抽样检查相结合的方式。现场检查内容分为工艺技术、人员、设备设施、事故调查及应急响应、环境保护和消防安全6类，见表2-1。

表2-1　PSSR现场检查内容

分类	检查项	检查标准
工艺技术	工艺安全信息	危险化学品安全技术说明书、工艺设备设计依据、工艺流程、生产原材料、辅助用料等资料是否已归档
	工艺安全分析	工艺安全分析是否已完成
	工艺技术变更	工艺或仪表图纸是否更新，经过批准且记录在案
	操作规程	经过签字批准的受控文档是否经过签字批准
人员	人身健康安全	人员受外界伤害的风险评估是否完成人员受外界伤害的风险评估
	人体工程	工作人员与设备、作业工具是否安全有效地结合，人机界面是否达到最佳匹配
	人员资质	相关人员是否取得相应的资质
	培训	所有员工（包括承包商）是否已接受有关危害、操作规程、应急知识的培训
设备设施	机械完整性	机械设备、配套设施及相关技术资料是否齐全完整，设备是否始终处于满足安全生产平稳要求的状态，是否明确设备运维的工艺条件，是否备有满足MRO（维修、修理服务）要求的备品备件
	电气安全	电力设备、配电盘等是否符合标准要求
	仪表联锁系统	仪表联锁系统是否能准确及时反应，并提供测试报告
	质量保证	设备是否达到设计、制造、测试和安装等标准的要求
事故调查及应急响应（ERP）	事故调查	针对以往事故教训制定的纠正和预防措施是否已得到落实
	应急管理	应急预案与工艺安全信息是否一致，是否满足HAZOP（危险与可操作性分析）分析要求，相关人员是否已接受培训
环境保护	环境	处理废弃物的方法是否已确定；环境事故处理程序和资源是否已确定；是否能满足国家环保法规要求
消防安全	消防	消防设备设施是否符合法规要求，是否已配备防火、防雷、防静电设施

拓展知识　HAZOP分析

《国家安全监管总局关于加强化工过程安全管理的指导意见》（安监总管三〔2013〕88号）中明确指出，对涉及重点监管危险化学品、重点监管危险化工工艺和危险化学品重大危险源（简称"两重点一重大"）的生产储存装置进行风险辨识分析，要采用危险与可操作性分析（Hazard and Operability Study，HAZOP分析）技术，一般每3年进行一次。

1.定义

HAZOP分析是一种定性分析方法，通过使用偏差（比如流量偏高/偏低、压力偏高/偏低等），对生产工艺或操作进行结构化和系统化的审查，全面和系统地辨识工艺装置设计和运行中可能存在导致安全和操作问题的缺陷，并评估所采取的现有安全措施是否足够和适当，如果现有安全措施不足或欠缺，则进一步提出应采取的安全措施或建议。

加油站

什么是"两重点一重大"？

● "第一个重点"是指重点监管的危险化工工艺 [光气及光气化工艺、电解工艺（氯碱）、氯化工艺、硝化工艺、合成氨工艺、裂解（裂化）工艺、氟化工艺、加氢工艺、重氮化工艺、氧化工艺、过氧化工艺、胺基化工艺、磺化工艺、聚合工艺、烷基化工艺、新型煤化工工艺、电石生产工艺、偶氮化工艺]；

● "第二个重点"是指重点监管的危险化学品名录；

● "一重大"是指危险化学品重大危险源。

2. 相关术语

（1）节点 在开展 HAZOP 分析时，通常将复杂的工艺系统分解成若干"子系统"，每个子系统称作一个"节点"。节点可为工艺单元，也可以是一条线或一台设备。

（2）引导词 一个简单的词或词组，用来限定或量化意图，并且联合参数以便得到偏离，例如无、较多、较少等。

（3）参数 与工艺过程有关的物理、化学特性，例如温度、压力、液位、流量、组成等。

（4）偏离 偏离所期望的设计意图。化工 HAZOP 分析偏离句法：引导词＋参数＝偏离。

例如：某原料罐在 20℃、5MPa 下储存 5t 化工液态原料，其设计意图是在上述工艺条件下，确保该物料处于所希望的储存状态。

如果储存条件为压力高于 5MPa，温度低于 20℃，实际情况就偏离了原本的意图。

（5）原因 引起偏离发生的事件，即直接原因或初始原因，必要时再深入一步到基本原因。初始原因一般分为三大类：设备因素、人员因素和环境因素。

（6）后果 偏离所导致的结果（不利后果）一般分为人员伤害、财产损失、环境破坏等。例如，毒气泄漏导致人员中毒、易燃易爆物料泄漏导致火灾爆炸等。

（7）安全措施 或称现有安全措施、现有保护措施。指当前已设计、已经安装的设施或管理实践中已经存在的安全措施。例如：安全阀、报警系统、紧急切断阀等。

（8）建议措施 所提议的消除或控制危险的措施。

（9）记录分析结果 记录讨论过程中的偏离、原因、结果、现有安全措施、建议措施等，均应落实到设备或元件位号。

3. 流程

HAZOP 分析团队成员包括过程工程师、操作人员、设计院人员、安全工程师、自控工程师、设备工程师等。确定组长，组长带领小组成员将工艺流程或操作程序划分为分析节点或操作步骤，然后用引导词找出过程的危险，辨识出那些具有潜在危险的偏离，并对偏离原因、后果及控制措施等进行分析，评估风险等级，结合企业可接受风险标准，判断是否需要提出经济、可行的建议措施，减少企业事故发生。HAZOP 分析的流程如图 2-1

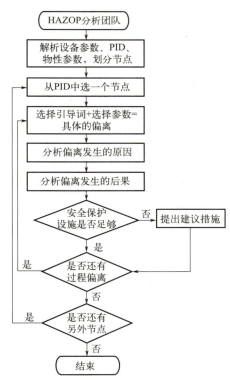

图2-1 HAZOP分析流程

所示。

4. 作用

执行 HAZOP 分析相当于把整个装置从头到尾进行一遍解剖，对装置进行全面检查，得到 HAZOP 分析报告和 HAZOP 的建议措施，以提高装置的本质安全水平。

任务指导

1. 开车前安全检查的实施方法

对于新建项目，PSSR 最为完整，分三个阶段实施：单机试车前的 PSSR，联动试车前的 PSSR，化学品投料前的 PSSR。

（1）单机试车前的 PSSR　确保单体设备设施的安装满足安全要求；利用单机 PSSR 表，不同的动设备、静设备、阀门、仪表用不同的表格；每台设备要有自己独立的检查表，并对发现项即时记录在表中，随后统一汇总到发现项表中；单机检查表格要事先编制，并在每次 PSSR 前回顾其适用性。

（2）联动试车前的 PSSR　按照联动试车的 PSSR 表，在水联动前，从人身安全、设备设施完整性、试车操作准备进展等二十余个大项，以及每个大项下分的更多个小项进行全面的检查；联动试车的 PSSR 表也需要提前准备，而且很多小项都需要更多的附表支撑检查内容和验证检查结果，检查中的发现项及时记录在表中，随后统一汇总到发现项表中。

（3）化学品投料前试车的 PSSR　这是化学品投料前，最后一次 PSSR。按照化学品投料前试车的 PSSR 表和发现项清单，对系统进行一次全面的体检，并对过往发现项的改进结果进行验证。确定所有的必改项完成后，方可批准化学品投料。

> 对于变更或停车检修的装置，重新开车前应按照变更 / 停车检修 PSSR 表进行开车前的检查，对发现项进行记录并改正，确定所有的必改项完成后，方可批准开车。

安全广播

2. 开车前安全检查的流程

对于大型装置，PSSR 不是检查一次就能完成的，必须分阶段开展。如何有序完整地组织和实施 PSSR，关键在于 PSSR 的作业流程是否执行到位，PSSR 的作业流程如图 2-2 所示。

（1）组建小组并明确职责　由于 PSSR 涵盖内容较多，PSSR 小组应该包括工艺技术操作、设备维修管理、仪电维修管理、安全质量环保等各个不同专业领域的人员。在进行安全审查前，要对 PSSR 各个成员进行培训，明确各自 PSSR 职责，便于 PSSR 有效快速地进行。

（2）制定 PSSR 表　根据待审查项目、装置的具体情况，组织制定 PSSR 表，大型项目的 PSSR 安全检查表一般涵盖以下内容：仪表控制系统、个人安全和职业卫生、人员培训、高压和（或）真空、设备安全、工艺安全、电气系统、环境因素、防火等。某公司开车前安全检查表见表 2-2。

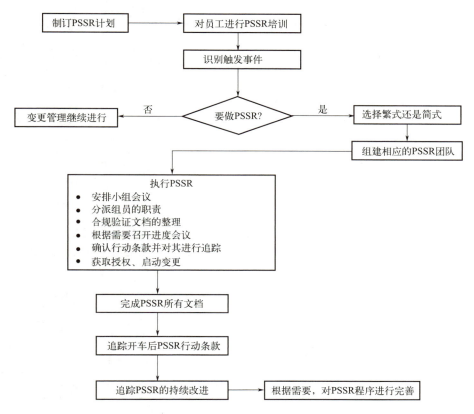

图2-2　PSSR的作业流程图

表 2-2　某化工有限公司开车前安全检查表

工作描述：				项目编号：

项目类型列出如下，请在有对应类型的项目前面打√

□全新装置的建设安装　　　　　　□现存管线的改造　　　　　　□临时修理改造
□设备安装的永久性修理改造　　　□新增加的附加物　　　　　　□改变原材料

PSSR 项目内容

仪表控制系统：

N/A	是	否	序号	需要回答的问题
			C1	所有常规仪表包括分析仪表是否都经过调校和标零
			C2	所有新的或者替换的仪表及控制阀是否都进行了系统回路测试
			C3	是否新的或更换的仪表阀都经过了性能测试
			C4	所有与仪表有关的报警和新增报警是否经过校验并确认
			C5	是否所有储罐液位指标归零

N/A	是	否	序号	需要回答的问题
			C6	所有的联锁是否都经过测试工作
			C7	设备仪表控制回路是否都经过测试工作
			C8	报警联锁是否根据严重程度进行了分级
			C9	压力表在未工作状态是否为零

工艺安全：

N/A	是	否	序号	需要回答的问题
			PS1	是否确认所有联锁开关解锁后才能开车
			PS2	设备的接地保护是否已经处于良好状态

电气系统：

N/A	是	否	序号	需要回答的问题
			ES1	该区域内符合规格的新电气设备是否已经安装完毕
			ES2	有没有给新设备的启闭器和变电所的断路器打上标签？这些开关的说明是否能保证在需要使用时不会造成犹豫
			ES3	所有不带电外壳电气设备是否均可靠接地
			ES4	新的或者改造过的电缆接点是否确认是完全密封绝缘的
			ES5	设备和报警指示灯是否已通过检查确认
			ES6	现场临时线路是否已拆除

环境因素：

N/A	是	否	序号	需要回答的问题
			EN1	操作人员对本岗位的环保要求是否清楚
			EN2	是否所有的废水、废气排放监控设施都检查正常
			EN3	所有排污管道和排污枢纽是否确认没有被堵塞
			EN4	装置停车产生的三废是否有处理方案
			EN5	清出的废物料是否有合适的储存措施
			EN6	盛装废料的大桶或者容器是否已经明确标识
			EN7	是否有及时更新的化学品溢出控制计划

防火：

N/A	是	否	序号	需要回答的问题
			F1	灭火器是否放置在规定的位置并检查符合要求
			F2	是否所有的灭火系统已经建设完毕并检查良好待用状态

续表

N/A	是	否	序号	需要回答的问题
			F3	已检查所有的固定消防水炮是否具有合适的流量和喷射形式
			F4	员工是否得到系统的消防培训
			F5	火灾报警系统是否测试合格
			F6	消防泵的压力能否满足条件
			F7	消防通道是否畅通

物料数据安全检查：

N/A	是	否	序号	需要回答的问题
			M1	所有使用的原料、催化剂、中间品、产品等物料的 MSDS（化学品安全说明书）是否已得到更新并容易获得

个人安全和职业卫生：

N/A	是	否	序号	需要回答的问题
			P1	在危险区域，是否已经悬挂了要求佩戴相应防护用品的提醒牌
			P2	在危险气体高浓度区域，是否安装了危险气体报警装置
			P3	新增或改造的走道、梯子是否达到设备操作点并有防坠落措施
			P4	楼梯、走廊等通道是否清理干净并具备安全条件
			P5	高度超过 1.2m 的操作平台楼梯口处，是否有防坠落措施
			P6	人员高空作业时是否提供了安全绳或者安全带，并按照要求使用
			P7	施工完成后现场是否清理干净，锋利边缘是否已去除
			P8	是否所有的安全出口和逃生路线都明确标明，且员工都非常清楚
			P9	高于 60℃ 的物体表面是否已进行防烫保护或标识
			P10	有氮气管线管封的设备及排风口、导淋口是否明确标有氮气存在
			P11	装置内部是否配备有足够的安全淋浴设备和洗眼器
			P12	开车前所有洗眼器是否确认维修正常并在备用状态

人员培训：

N/A	是	否	序号	需要回答的问题
			T1	针对新设备和改造过的设备，是否对操作人员进行了相关培训
			T2	是否针对维修保养人员进行了新设备的维修保养培训
			T3	开车时，是否所有在现场的临时合同工人都已进行紧急情况发生时该如何行动的培训
			T4	在装置工作的新员工是否接受过消防训练
			T5	是否所有新员工在装置开车前都进行了操作规程及作业指导书培训

高压和（或）真空：

N/A	是	否	序号	需要回答的问题
			PV1	泄压系统的泄压点是否朝向安全的方向
			PV2	新安装的泄压管道是否被牢固地支撑和固定
			PV3	压力安全阀是否按照要求完成压力检测和设定

设备安全：

N/A	是	否	序号	需要回答的问题
			R1	机组或设备投入运行的条件是否已满足
			R2	设备是否已按照要求挂牌并执行了上锁程序
			R3	润滑剂和减速机润滑油是否已经检查确认完毕
			R4	安全阀检查表是否已更新
			R5	是否所有裸露的转动部件都进行了安全防护
			R6	该设备是否需外部机构认证，证书是否已归档

槽、罐、阀门和管线：

N/A	是	否	序号	需要回答的问题
			V1	所有的联锁开关阀门是否已处于正确位置
			V2	所有的盲板是否已拆除并收集上交到指定位置
			V3	管线是否充分地支撑、吊挂完毕
			V4	管线膨胀节限制膨胀的固定螺栓是否松开
			V5	是否所有的公用工程特别是氮气等管线阀门与装置连接处已用颜色标记并用标签标明
			V6	是否已充分标识介质种类和流向
			V7	有安装方向要求的阀门是否安装在正确的位置和正确的方向
			V8	是否进行了管线跨接、接地的检查
			V9	是否所有长的小口径管线已经做了合适的支撑
			V10	所有的阀门是否开关灵活、无泄漏且畅通
			V11	所有的槽、罐出入口是否畅通无泄漏
			V12	所有的管线是否吹扫干净
			V13	槽、罐安全设施是否齐全（喷淋、温度、压力、液位等）

续表

机械完整性检查：

N/A	是	否	序号	需要回答的问题
			M1	备品备件是否齐全并检验合格
			M2	压力容器是否检验并合格
			M3	设备保养程序是否完备

垫片、法兰安装检查：

N/A	是	否	序号	需要回答的问题
			V1	检查所有容器人孔垫片、法兰垫片的压力等级和材质是否适合
			V2	所有的法兰是否已经用螺栓紧固
			V3	是否所有紧固法兰的螺栓至少有 2～3 个螺纹露在螺母的外面
			V4	是否所有有扭矩要求的螺栓都已检验并合格

公共设施通用检查：

N/A	是	否	序号	需要回答的问题
			TF1	临时用电设备是否满足现场安全要求
			TF2	便携式滤毒罐是否达到安全标准
			TF3	是否为办公室和工地提供适当的安全应急装备
			TF4	是否有急救箱和灭火器
			TF5	是否有应急预案
			TF6	在紧急事件中是否有有效的联络方法

综合安全检查：

N/A	是	否	序号	需要回答的问题
			TF1	油漆防腐是否已完成
			TF2	应急照明灯是否配齐
			TF3	应急疏散通道标志是否明显
			TF4	项目"三查四定"发现的问题是否整改消缺完毕，遗留尾项是否已处理
			TF5	安全评价、危险与可操作性分析（HAZOP）、安全完整性等级（SIL）定级评估和安全完整性等级（SIL）等级验算等提出的建议措施是否整改处理完成
			TF6	发生的变更是否符合变更管理要求

　　检查表是 PSSR 的核心工具，即使没有太专业的一线人员，利用专业的检查表，通过一个个问题项的展开，也能极大地提升检查效率，弥补专业性的欠缺。

加油站

化工装置管路不符合要求的示例

管线垂直度、水平度不合规

不同等级的螺栓、螺母

没有机械完整性需加装盲板

垫片磅数太小

法兰未对齐

固定点未固定

巡检障碍

安全阀出口封住

安全阀出口过高

（3）执行 PSSR　PSSR 的执行，主要包括以下内容：

① 检查准备。分配小组成员职责、收集项目资料。

② 安全检查。依据安全检查表进行现场检查和文档审查整理，将发现的问题分为必改项、遗留项和建议项。

a. 必改项。PSSR 时发现的，导致不能投产或启动时可能引发安全、环境事故的，必须在启动之前整改的项目。

b. 遗留项。PSSR 时发现的，但在运行过程中不会影响投产效率和产品质量，并且在运行过程中不会引发安全、环境事故的，可在启动后限期整改的项目。

c. 建议项。PSSR 时发现的，但在运行过程中不会影响投产效率和产品质量，并且在运行过程中不会引发安全、环境事故的，可在启动后择机整改的项目。

③ 整理 PSSR 结果，编制 PSSR 综合报告；必改条款追踪落实，由项目负责人审查并批准启动；遗留项和建议项追踪落实。

（4）完成 PSSR 所有文档　对于涉及变更的整改条款，应将相关图纸、设计文件等进行更新存档。所有整改条款整改完成后，相关解决方案、整改验收等资料应将与 PSSR 安全检查表、PSSR 综合报告等有关资料一同整理归档。

开车风险
评估

案例赏析

某化工有限公司开车前安全检查（PSSR）报告

我公司根据《危险化学品生产建设项目安全风险防控指南（试行）》（应急〔2022〕52号）第9.3.7条的规定进行开车前安全检查，详情如下：

一、开车前安全检查前期准备工作

（1）已根据《某某省化工装置安全试车工作规范》中附录D：《化工投料试车应具备的条件》编制开车前安全检查表，相应负责人已签字批准。

（2）开车前安全检查小组及职责

组　　长：张某

副组长：张某、李某

组　　员：杨某、陈某、王某、赵某

职　　责：

① 公司负责人负责制定公司年度隐患排查计划与制度，执行年度隐患排查计划，监督各级各部门、车间隐患排查，负责重大安全生产事故治理工作，隐患排查的奖惩工作。

② 组长负责牵头并参与公司级隐患排查治理工作，为该项工作的开展提供必要的人力、物力、财力支持。

③ 副组长负责具体组织、协调、调度、审核等工作。

④ 体系办公室负责隐患排查方案起草和制度建设，监督隐患排查计划的有效运行。

⑤ 组员参与公司级隐患排查，组织本部门的安全隐患排查，落实隐患的整改及防范措施，对重大隐患提出整改建议。

⑥ 小组里财务人员负责保证隐患排查整改资金的按时到位，监督落实费用的闭环管理。

⑦ 整改责任人负责落实上级监管部门检查出的隐患和整改，确保安全隐患整改落实到位。

⑧ 生产经营单位建立事故隐患报告和举报奖励制度，鼓励、发动职工发现和排除事故隐患，鼓励社会公众举报，对发现、排除和举报事故隐患的有功人员，应当给予奖励和表彰。

⑨ 生产经营单位对承包、承租单位的事故隐患排查治理负有统一协调和监督管理的职责。

二、问题隐患及整改情况

2022年某月某日我公司进行了开车前安全检查，共查出隐患14条，整改完成情况如下：

（1）1～4号混料釜流量计流量未能达到所需要求

整改措施：调整流量计量程，使其流量达到所需标准；

整改情况：整改完成。

（2）6号助剂釜搅拌减速器异响

整改措施：返厂维修，消除异响；

整改情况：整改完成。

（3）2号引发剂釜搅拌减速机异响

整改措施：返厂维修，消除异响；

整改情况：整改完成。

（4）1号配胶釜进酸切断阀内漏

整改措施：对接厂家，调试切断阀；

整改情况：整改完成。

（5）蒸汽现场压力表数与中控室远传数不符

整改措施：调整蒸汽压力表量程，使现场压力示数与远传数相同；

整改情况：整改完成。

（6）循环水温度远传未连接至中控室

整改措施：对接电仪人员连接循环水温度远传；

整改情况：整改完成。

（7）钾皂储罐计量秤示数存在误差

整改措施：调试计量秤量程，缩小计量误差；

整改情况：整改完成。

（8）碱洗塔、水洗塔压力表示数单位现场均为 kPa，中控室均为 MPa

整改措施：对接电仪人员进行压力表调试，统一单位；

整改情况：整改完成。

（9）乳化剂储罐底部气动阀无位号

整改措施：设备新增气动阀添加位号，实现中控室可以控制；

整改情况：整改完成。

（10）车间一层多处槽钢支柱螺丝混凝土未清理

整改措施：清理混凝土；

整改情况：整改完成。

（11）丁二烯进料罐压力表不走数

整改措施：更换压力表；

整改情况：整改完成。

（12）车间三层苯乙烯进料阀处气路管漏气

整改措施：紧固气路管；

整改情况：整改完成。

（13）压缩气压力远传未连接

整改措施：对接设备连接压缩气压力远传；

整改情况：整改完成。

（14）碱洗塔、水洗塔液位计不准

整改措施：对接电仪人员对液位计进行调试；

整改情况：整改完成。

以上查出的问题均已整改完成。

某化工有限公司

2024 年某月某日

课后思考与探究

1. 化工生产在哪些阶段需要实施 PSSR？

2. 化工装置 PSSR 主要内容包括哪些方面？

3. PSSR 各个阶段的检查是否有前后条件关系？

4. PSSR 是工程项目机械竣工的前提条件吗？

5. 如何保证 PSSR 的高效运行？

6. 为所在学校实训装置编制一份开车前安全检查表。

任务二　原料准备

任务描述

  进行原料相关计算，根据生产要求预处理和配制原料，为投料生产做好原料准备。

任务目标

1. 能说出化工生产原料的种类。
2. 能说出催化剂的作用、特征、分类和组成。
3. 会根据生产需要进行相应物料准备。
4. 养成关注物料特性、安全操作的工作习惯。

基础知识

一、原料准备的目的

  所谓原料，是指生产化工产品的起始物料。在产品生产成本中，原料所占的比例很高，有时高达 60% ～ 70%，因此对化工生产来说，原料及原料准备至关重要。如图 2-3 所示，在化工生产过程中，原料准备是指化学反应所需各种原料、辅料的粉碎、混合、加热等操作，是为了化学反应的顺利开展而进行的原料预处理。

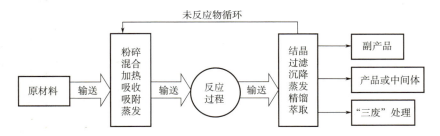

图2-3　化工生产过程

  化工原料准备的主要目的是使初始原料达到反应所需要的状态、规格和条件。例如：固体原料在反应之前一般需要进行粉碎、筛选，除去部分杂质；液体原料在反应之前一般要进行过滤、精馏，尽量纯化；气体原料在反应之前一般要进行吸收、干燥，除去水分和杂质。

二、原料准备的要求

  原料准备过程是化工生产工艺流程的一个重要组成部分，原料的品质直接决定产品的质量、工艺过程、工艺条件等，因此对原料进行预处理非常重要。原料准备的要求如下：

43

化学要求	·用物理或化学方法制成化学组成上符合进入反应器要求的物料，即杂质含量、纯度等达到要求。
物理要求	·用物理或机械方法制成物理性能上符合进入反应器要求的物料，即粒度、比表面积等达到要求。
加料要求	·用物理或其他方法达到进入反应器的加料要求，即原料配比达到要求。

三、原料准备的原则

（1）必须满足工艺要求 例如气固相反应，为了增大气固两相接触面积，固相的粒度应尽量小，但是固相颗粒太小可能造成反应过程夹带现象严重，因此在化学工艺上要寻找一个最佳的粒度范围以满足工艺要求。

（2）简便可靠的预处理工艺 原料准备过程工艺需简单、安全。

（3）充分利用反应和分离过程的余热及能量 能量的充分利用，是原料预处理降低成本的最好方法。

（4）尽量不产生新的污染 尽量减少在原料预处理过程中的"三废"。

（5）尽量研究和采用先进技术 化工原料能不处理而直接使用最好，因此应尽量采用先进技术，淘汰落后的处理工艺，从而提高原料预处理效能。

（6）投资节省，设备维护方便 在满足工艺要求的前提下，设备应尽量简化、通用化。

（7）尽量由生产厂家精制 对生产原料的厂家而言，原料是他们的产品，产品在生产过程中可以加以精制、净化。大多数情况下，生产原料的厂家可以从源头上和过程中加以控制，从而节约成本。

（8）原料准备充足 需要根据工艺过程、生产规模和生产周期计算所需的原料数量，保证原料充足。

（9）特殊要求方面 需要根据化工生产的具体要求确定，例如需要符合特定的环保、安全、卫生要求等。同时还需要遵守相关的法律法规和行业标准。

四、化工原料

1.化工基础原料

化工基础原料即用来加工化工基本原料和产品的天然资源，包括石油、天然气、煤和生物质以及空气、水、盐、矿物质和金属矿等。

化工基础原料的突出特点：来源丰富，价格低廉。

可持续发展是 21 世纪人类发展的必由之路，化学工业同样面临着一次新的革命，那就是如何利用有限的资源创造出更多的产品，为推动人类社会发展做出更多的贡献。

> 想一想：
> 对化学工业有双重意义，既是原料，又是能源的是什么？
> ——石油、天然气、煤

加油站

化工新能源

化工新能源的发展前景和趋势是当今能源领域中备受关注的话题。随着传统能源资源的日益枯竭，以及全球气候变化和环境污染问题的日益严重，化工新能源的发展已经成为全球经济发展的必由之路。

化工新能源是一种以化学能为能量载体的新型能源，其中包括太阳能、风能、水能、生物质能等。与传统的煤炭、石油和天然气等化石能源相比，化工新能源具有清洁、可再生、安全、高效等优点，因此具有广阔的发展前景。

目前，全球范围内对化工新能源的研究和应用已经开始了多年。许多国家和地区都制定了相应的政策和计划，加大了对化工新能源的投入和支持力度。随着技术的进步和成本的下降，化工新能源的应用规模也在不断扩大。

未来，化工新能源的发展将会呈现以下几个趋势：

（1）技术进步和创新　随着科技的不断进步和创新，化工新能源的技术水平将会不断提高，成本也会不断下降。

（2）产业融合和跨界合作　化工新能源的发展需要涉及多个领域和行业，如化学、材料、电子、机械等。

（3）绿色化和可持续发展　化工新能源的发展必须遵循绿色化和可持续发展的原则，尽可能减少对环境的影响和对资源的消耗。

随着技术的进步和产业融合的推进，化工新能源将会成为未来能源领域的主导力量，为人类创造更加清洁、安全和可持续的能源环境做出贡献。

2. 化工基本原料

化工基本原料是自然界不存在，需经一定加工得到的原料。通常是指低碳原子的烷烃、烯烃、炔烃、芳香烃和合成气、三酸、两碱、无机盐等。常用的有乙烯、丙烯、丁烯、丁二烯、苯、甲苯、二甲苯、乙炔、甲烷等。

3. 催化剂

（1）催化剂的定义　催化剂是指在化学反应里能改变化学反应速率而不改变化学平衡，且本身的质量和化学性质在化学反应前后都没有发生改变的物质。它是反应过程中一类特殊的"原料"。

催化剂

（2）催化剂的作用

① 加快化学反应速率，提高生产能力。

② 对于复杂反应，可有选择性地加快主反应的速率，抑制副反应，提高目的产物的收率。

③ 改善操作条件、降低对设备的要求，改进生产条件。

④ 开发新的反应过程，扩大原料的利用途径，简化生产工艺路线，从而提高设备的生产能力和降低产品成本。

⑤ 减轻污染，保护环境。

（3）催化剂的特征　据统计，有90%以上的化工生产过程中使用催化剂，催化反应有四个基本特征。

① 催化剂只能加速热力学上可以进行的反应。

② 催化剂只能加速反应趋于平衡，不能改变反应的平衡位置（平衡常数）。

③ 催化剂对反应具有选择性。

④ 催化剂长期受热和化学作用，也会发生一些不可逆的物理化学变化。

（4）催化剂的性质

① 活性。催化剂活性，是指物质催化的能力，是催化剂的重要性质之一。工业生产上常以单位容积（或质量）催化剂在单位时间内转化反应物（或得到产物）的质量表示。

② 选择性。催化剂选择性是催化剂的重要性质之一，指在能发生多种反应的反应系统中，同一催化剂促进不同反应的程度的比较。在工业上利用催化选择性使原料向指定的方向转化，减少副反应。

如乙醇在高温时可脱氢转变成乙醛，也可脱水转变成乙烯，银催化剂能促进前一反应，氧化铝催化剂则促进后一反应。

③ 稳定性。催化剂稳定性是指在催化反应过程中，催化剂保持活性、选择性、抗毒性、热稳定性等性能和结构不变的能力。催化反应过程中，因多种原因可使催化剂的活性和选择性下降，应采取适当措施保持催化剂的稳定性，使其有足够长的寿命。

（5）催化剂的寿命　催化剂的寿命一般为 2～4 年。失活原因主要有：中毒、积碳或沉积沾污、高温烧结、活性组分流失等。对于可逆失活的催化剂，可以通过燃烧、清洗、还原等方式定期再生，恢复其活性。

（6）催化剂的分类　催化剂种类繁多，按状态可分为液体催化剂和固体催化剂；按反应体系的相态分为均相催化剂和多相催化剂。表 2-3 为常见固体催化剂的组成和作用。

表 2-3　常见固体催化剂的组成和作用

组成	作用	实例
主催化剂	催化剂的主要成分，起催化作用的根本性物质	氨合成催化剂 $Fe-K_2O-Al_2O_3$ Fe 为主催化剂
助催化剂	催化剂的辅助成分，其本身无活性或活性很小，但少量加入，可明显提高催化剂的活性、选择性和稳定性（寿命）等	合成甲醇催化剂 $Cu-ZnO-Al_2O_3$ ZnO 为结构助催化剂（阻隔 Cu 微晶长大）
抑制剂	抑制一些不希望出现的副反应，从而提高催化剂的选择性的物质	催化反应的负催化剂，高分子化合物的阻聚剂，塑料、橡胶、油脂等的抗氧剂，泡沫抑制剂，汽油的抗震剂，防腐蚀的缓冲剂等
载体	催化剂活性组分（助剂）的分散剂和支撑体，是负载催化剂活性组分的骨架，通常为具有足够机械强度的多孔性物质	常用载体有：刚玉、硅藻土、石棉、耐火砖、氧化铝、$SiO_2-Al_2O_3$、铁矾土、白土、氧化镁、硅胶、活性炭等

防止催化剂失活的措施：

① 确保原料的纯净，去除可能含有的有毒或有害杂质。

② 优化反应条件：避免使用高于催化剂耐受温度的条件；维持在催化剂设计的压力范围内，避免因过高压力导致物理损伤；控制反应物和产物的浓度，防止因局部浓度过高导致催化剂中毒或结焦。

③ 在催化剂或反应体系中添加抗毒剂或稳定剂来提高催化剂对某些毒性物质的抵抗能力。

④ 设计合理的反应器和工艺流程，例如使用温和的混合或分离技术，避免让催化剂直接接触到可能造成损害的条件。

⑤ 选择合适的粒径，以减少催化剂的磨损和流失。

⑥ 对催化剂表面进行修饰或包覆，以保护其免受外界环境的不良影响。

⑦ 定期检查催化剂活性和物理状态，监控可能出现的问题并及时处理。

⑧ 改进催化剂的合成方法，提高其稳定性和抗毒能力，例如通过分子筛选、基因工程或者纳米技术等手段来制造新型催化剂。

⑨ 对于特定的反应选择最适合的催化剂，不同的反应条件和反应物可能需要不同的催化剂类型。

4. 其他辅助材料

辅助材料是相对于原料而言的，是在反应过程中可能进入产品，也可能不进入产品的辅助原料的成分。化工生产中常用的辅助材料除了催化剂外，还有助剂、添加剂、溶剂等。

拓展知识　反应器催化剂的装填

催化剂的装填质量在发挥催化剂性能、提高装置处理量、保证装置安全平稳操作、延长装置操作周期等方面具有重要的作用。

催化剂在开始装入反应器之前，必须对反应器及内构件进行详细的检查，以确认是否具备装填催化剂的条件。主要检查以下项目：

① 反应器内是否有水、灰尘、铁锈、施工期间带入的螺丝钉和螺丝帽等杂物或者废旧的催化剂颗粒物；

② 反应器底部出口收集器上的不锈钢丝网与出口接头的器壁之间安装是否紧密；

③ 出口收集器上包裹的不锈钢丝网的网孔是否无堵塞物，不锈钢网是否无弯曲、断丝等现象；

④ 反应器内壁、内构件上面是否无积攒的催化剂、瓷球碎片，是否无泥垢，所有部件是否已经清扫干净；

⑤ 分配盘安装水平度是否符合设计要求；

⑥ 催化剂的品种、规格、数量是否符合设计要求，且保管状态是否良好；

⑦ 反应器及有关系统压力试验是否合格；

⑧ 具有耐热衬里的反应器经烘炉检验是否合格；

⑨ 反应器内部是否清洁、干燥；

⑩ 装填用具及各项设施是否已齐备；

⑪ 装填人员是否已办理进入受限空间作业证。

催化剂装填需注意以下事项：

① 进入反应器的人员不得携带与装填工作无关的物件；

② 装填催化剂时，必须指定专人监护；

③ 装填人员必须按规定着装、佩戴防护面具；

④ 不合格的催化剂（粉碎、破碎等）不得装入器内；

⑤ 装填时，催化剂的自由落度不得超过 0.5m；

⑥ 装填人员不得直接站在催化剂上；

⑦ 装填工作应严格按照充填方案的规定进行；

⑧ 应对并联的反应器检查压力降，确保气流分布均匀；

⑨ 预还原催化剂在装填后以惰性气体进行保护，并指派专人监测催化剂的温度变化；

⑩ 反应器复位后应进行气密性试验。

任务指导

说明：设备种类、操作方式、原料状态、工艺要求等不同，原料准备的方法和步骤也不尽相同。

反应釜投料
与卸料

案例一：本部分以用水作为溶剂将固体物质溶解配制成一定质量分数的溶液并加入容器为例，讲解原料准备的方法

1. 获取原料信息

通过原料桶 / 袋上的标签获取已有固体物质的成分、纯度等数据。查阅 MSDS 了解物质的危险信息和安全防范要点，查看温度 - 溶解度曲线图、相对密度 - 质量分数对照表等数据资料。

2. 计算

计算所需溶质和溶剂的量。

$$m_{溶质} = m_{溶液} \omega$$

$$m_{溶剂} = m_{溶液} - m_{溶质}$$

式中，m 为质量，ω 为质量分数。

3. PPE 穿戴

穿戴安全帽、工作服、工作鞋、防护手套，如果是酸碱性物料则需要穿耐酸碱工作服、戴防护面罩等。

4. 工具准备

常用工具见表 2-4。

表 2-4　固体原料溶解配制常用工具

设备	图示	用途
称量设备		根据计算结果，称取一定量的溶质
破碎设备		根据物料特性，选择合适的破碎机械，减小颗粒粒度，提高反应速率，增加物料的比表面积，方便后续的混合、筛分等工序
盛装容器		在原料准备过程中，盛装物料

续表

设备	图示	用途
取样瓶		原料配制完成后，取样分析，检测是否达到工艺要求

5. 原料配制操作

（1）破碎　利用机械把结块的固体原料破碎成粉末。化工企业最常用的破碎方法及设备取决于他们正在处理的物料的性质（硬度、湿度、黏度、热敏感性等）以及所需的最终粒度。

① 颚式破碎机。经常用于大尺寸原料的粗碎，尤其在原料初始处理阶段。

② 锤式破碎机。适用于中等硬度和脆性物料的破碎，如石灰石、盐、煤等。

③ 球磨机。在物料需要细碎或粉磨到一定细度的情况下，常常使用球磨机，它通过磨介（如钢球）的旋转来达到破碎目的。

④ 辊式破碎机。对于黏性较大或塑性物料破碎有较好的效果。

⑤ 离心破碎机或反击式破碎机。当产品对粒度分布有较严格要求时，可能会采用这些破碎机。

⑥ 气流磨和超微粉磨。用于药品、粉末涂料等领域，当物料需要非常细的粉末时使用。

（2）称量　利用电子秤称取特定量的溶质。

（3）溶解

① 在储罐中先加入特定量的溶剂。

② 再加入称量好的溶质。

③ 搅拌溶解，必要时加热溶解。

（4）分析　取样分析原料的相对密度，查阅密度-质量分数对照表，确认是否达到工艺要求。

案例二：本部分以卸一桶雷尼镍用于生产为例讲解原料准备的方法。

1. 获取原料信息

① 雷尼镍（催化剂）呈现泥浆状，保存在封闭铁桶内，桶内保持微正压并存有水，水位高于雷尼镍，雷尼镍在运输和储存过程中保持湿润避免接触空气中的氧气发生自燃。

② 每桶雷尼镍净含量 80kg。

2. 设备和工具准备

主要设备有雷尼镍悬浮液混合槽、卸料泵、雷尼镍悬浮液混合槽搅拌器、雷尼镍悬浮液混合槽重量器、卸料站组件（混合搅拌器和升降机）和相关管道，雷尼镍悬浮液卸料流程如图 2-4 所示。

3. PPE 穿戴

防化服、过滤盒全面罩、防化手套、防化鞋套。

4. 卸料操作

（1）现场操作员将桶装雷尼镍放置到卸料位置，并填写登记表。然后打开整个雷尼镍桶盖，将接地线连接到桶上。

（2）启动升降式搅拌器，并将其插入桶中搅拌，使沉积在底部的催化剂搅动起来。

（3）打开卸料泵出口阀门，启动卸料泵。

（4）卸料过程中，打开去离子水管道上的阀门，补充去离子水到雷尼镍桶内以保持雷尼镍浸润，防止其干涸。

（5）卸料快结束时，检查是否还有雷尼镍残留，如果桶内还有，则必须加入去离子水并保持充分搅拌直到全部泵入雷尼镍悬浮液混合槽内。

（6）卸完后，再向空桶内注满去离子水，用卸料泵再次泵入雷尼镍悬浮液混合槽内冲洗管道，然后关闭卸料泵出口阀门并停泵。

（7）内操记录当前重量器数据并计算雷尼镍悬浮液混合槽内的浓度，选择是否需要额外补水。

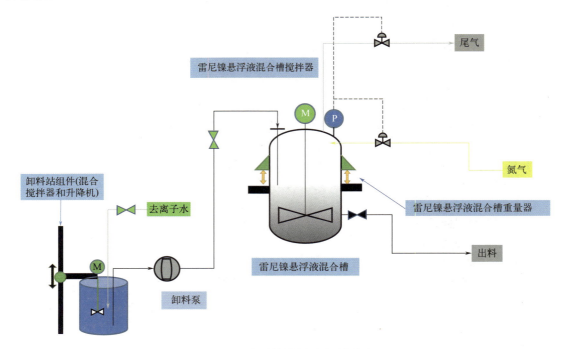

图2-4　雷尼镍悬浮液卸料流程

风险预防和操作注意事项

　　雷尼镍接触氧气会自燃，所以正常储存是浸泡于水中，并且雷尼镍由于生产工艺导致表面吸附了大量氢气，所以悬浮液混合槽必须控制在正压，并保持氮气持续加入维持氮封惰性化状态，避免形成爆炸性混合气体并被雷尼镍自身点燃而发生爆炸。

　　在卸料过程中，卸料泵的入口管线必须浸没在液体当中，否则空气将会被抽入混合槽从而形成爆炸混合气。

　　当发现新鲜催化剂内有大量铁丝或颜色发白等不正常现象时，留好照片并记录批号，联系上级。

　　雷尼镍悬浮液混合槽带有称重设备，如果设备上面有额外负重会导致称重数据错误。

课后思考与探究

1.化工基础原料和化工基本原料的区别是什么？分别列举五种常用的化工基础原料和化工基本原料。

2.固体催化剂一般由哪几部分组成，分别有什么作用？

3.简述化工原料准备的任务及要求。

4.叙述用混合槽溶解固体原料的步骤。

5.请调研一种化工新能源在基础原料方面的应用，形成调研报告，小组分享展示。

任务三　公用工程准备

任务描述

投用水、电、蒸汽、压缩空气、氮气等公用工程，接通废气和废水管路，为装置试车和开车做好准备。

任务目标

1. 能说出公用工程在化工生产中的意义，并列举公用工程的类型。
2. 能列举化工用水的类型、概述水的软化过程。
3. 知晓供汽系统的组成。
4. 能区分压缩风与仪表风，并说出它们的主要用途。
5. 会安全规范地引蒸汽。
6. 会安全规范地启动空气压缩机。
7. 具备节能降耗意识。

基础知识

一、公用工程的定义

公用工程是维持化工装置正常运行的辅助设施的总称，它是化工生产的重要保障。化工装置无论工艺流程如何不同，产品线如何不同，都需要用到公用工程。化工企业的连续性生产、生产作业的安全保障、环保措施的有效实施、企业的经济效益等方面都依赖于公用工程。公用工程主要包含供水、供电、供气、供风、供氮、废水处理等。

二、供水

水是重要的化工生产资源。在化工企业的各个角落都离不开水，不同用途、不同装置、不同工艺对水质的要求都不相同。供水就是对原水进行加工处理，为生产提供各种符合要求的用水。

1. 供水水源

化工用水水源主要有地下水和地表水两类。地下水主要是指埋藏在地表下岩层、沙层或土壤中的水，目前在我国大多数地区采用地下水作为化工用水正被逐渐限制，部分地区已禁止。地表水主要指来自江河、湖泊、水库和海洋的水，因此一般化工企业会建在海边或江边。

2. 化工用水种类

化工用水一般可分为生活用水和工业用水。生活用水对水质要求高，如菌落总数限值100MPN/mL（或 CFU/mL），砷、铅限值 0.01mg/L，六价铬限值 0.05mg/L，汞限值 0.001mg/L，氟化物限值 1.0mg/L，氰化物限值 0.05mg/L，硝酸盐（以 N 计）指标限值 10mg/L，pH 不小于 6.5 且不大于 8.5 等。工业用水根据用途不同分为以下类型。

循环冷却水

　　用来吸收或转移生产设备多余的热量，对水质要求较高，循环利用，所以也称为循环水。循环水系统由水冷塔、加药池、沉淀池、排污池、输水泵及管路组成。循环水需要控制pH值、菌群数、浊度、硬度等指标，确保循环水冷却器少结垢、少腐蚀，长周期运行。

除盐水

　　锅炉产生蒸汽过程中，对水质要求极高，需避免出现悬浮物、胶体和较高的铁含量；严格控制水的硬度、pH值、磷酸根、氧和二氧化硅含量等，必须对水进行软化和除氧处理，以预防结垢、汽水共腾现象，并防止氧气对锅炉及管线的氧腐蚀。

消防用水

　　消防用水可以通过将自然水源经过过滤和沉淀处理后，由泵输送至消防水管网。对于消防用水，水质要求相对较低，主要用于扑灭那些适合使用水来扑救的化工装置火灾。

生活用水

　　主要包括化工装置工作人员的生活用水，由自来水厂提供。

在化工生产中，水的用途很多，但是如果将水引入不该去的地方，将会造成故障和危险，甚至引发事故！

安全广播

与物质反应

- 危险：与物料发生剧烈放热反应。例如：环氧乙烷很容易与水剧烈反应，甚至极微量的水分渗入液态环氧乙烷中也会引发自聚放热产生爆炸。又如，金属钠遇水剧烈反应而爆炸。
- 做法：在生产过程中，与水发生剧烈反应的物料冷却介质不得用水，一般采用液体石蜡。

汽化超压

- 危险：水进入高温系统，会立即汽化，压力急剧上升，造成喷料，甚至引发火灾、爆炸等事故。
- 做法：传热介质运行系统不得有死角；水压试验后，要做好脱水，运行前应进行干燥吹扫处理；高温系统开车前必须将釜、塔及附属设备内的冷凝水放尽。

冻结

- 危险：在停车过程中，用蒸汽和水进行吹扫和清洗时，在寒冷的季节残余水可能冻结，造成管道胀裂而引发安全事故。
- 做法：保持足够的水流量，防止水冻结；电伴热、保温或加入蒸汽使水温不会低于冰点；吹扫、干燥，将管路系统中的水完全排尽，尤其注意凹陷、死角等处。

使催化剂中毒

- 水会使某些催化剂中毒，例如合成氨用的铁系催化剂，水和氧是毒物，当这种中毒现象发生时，可以用还原或加热的方法，使催化剂重新活化。

化工生产中水的危害

对于循环冷却水换热器而言，要确认冷却水侧充分排气，以保证换热效率以及没有局部高温区域。工业水源通常供给多个单元，而每个单元要保证使用时不会发生串料污染水源。

3. 水的软化

所谓"硬水"是指水中溶解的矿物质成分较多，尤其是钙和镁离子。硬水在工业上可能造成严重的危害，比如在工业锅炉中形成积垢，导致传热效率下降，能源浪费，还可能引发系统运行故障，甚至因为传热不均匀而有爆炸的风险。为了降低水的硬度，需要进行软化处理。水的软化处理方法主要有离子交换法、化学法（如石灰沉淀法）、膜分离法（包括反渗透法、纳滤法等）、热处理法、磁化法、生物法等。

（1）离子交换法　水的软化中应用最广的是离子交换法。离子交换法是利用阳离子交换树脂中可交换的阳离子（如钠离子），把水中的钙、镁离子等交换下来的方法。如图 2-5 所示，离子交换是一种可逆过程，当硬水流过钠型交换树脂时，Ca、Mg 等离子按下式被交换：

$$2R—Na+Ca^{2+} \rightleftharpoons CaR_2+2Na^+$$

$$2R—Na+Mg^{2+} \rightleftharpoons MgR_2+2Na^+$$

随着反应的进行，交换速度越来越慢，直至停止交换，必须用盐冲洗交换剂，使反应向左进行，使交换剂再生。

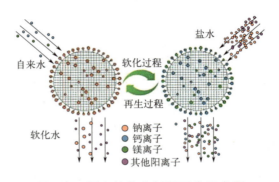

图2-5　硬水软化和树脂再生示意图

（2）反渗透法　反渗透法是指纯水和盐水被理想半透膜隔开，理想半透膜只允许水通过而阻止盐通过，当施加在膜盐水侧的压力大于渗透压力时，盐水中的水会逆流入纯水侧。反渗透法由于操作简单，也得到了广泛的应用。

三、供电

电能是化工企业的主要能源和动力，它既易由其他形式的能量转换而来，又易于转换为其他形式的能量。

化工装置除了仪表电源及照明电源用 220V 两相交流电外，其他都是三相交流电——低压电为 380V，中压电为 6000V，高压电为 35kV 以上。

1. 负荷等级

企业生产中，根据重要程度和是否允许中断供电，将电力负荷分为一级负荷、二级负荷、三级负荷和特殊供电要求负荷。

（1）一级负荷　当企业正常工作电源突然中断时，企业的连续生产被打乱，使重大设备损坏，恢复供电后需长时间才能恢复生产，使重大产品不合格，重要原料生产的产品大量不合格，而使重点企业造成重大经济损失的负荷。

（2）二级负荷　当企业正常工作电源突然中断时，企业的连续生产被打乱，使主要设备损坏，恢复供电后需较长时间才能恢复生产，产品大量不合格、大量减产，使重点企业造成较大经济损失的负荷。

（3）三级负荷　所有不属于一、二级负荷（包括有特殊供电要求的负荷）者，应为三级负荷。

（4）有特殊供电要求的负荷　当企业正常工作电源因故障突然中断或因火灾而人为切断时，为保证安全停产，避免发生爆炸及火灾蔓延、中毒等事故，或一旦发生事故时，能及时处理，防止事故扩大，为抢救及撤离人员而必须保证供电的负荷。

2. 常用的应急电源

（1）直流蓄电池不中断电源装置。

（2）不间断电源（UPS）：保障 DCS 系统、ESD 系统供电。

（3）应急电源（EPS）。

（4）断路器保护。

（5）快速启动的柴油发电机组（或其他类型的发电机组）。

加油站

UPS和EPS

UPS 是 uninterruptible power supply 的缩写，即不间断电源。是一种含有储能装置，以逆变器为主要组成部分的恒压恒频的电源，就是当市电中断时，将蓄电池输出直流电转换成交流电供给计算机、计算机网络系统或者其他电力电子设备的一种设备。简单一点说就是当市电停电的时候，它能够将电池的直流电逆变为 220V 的交流电，供用市电的电器使用！

EPS 是 emergency power supply 的缩写，是应急电源，是当今重要建筑物中为了电力保障和消防安全而采用的一种电源。它应用于大楼、道路交通、隧道、电力企业、工矿企业、消防电梯等的照明。

四、供汽

蒸汽是化工厂最常用的加热介质，其优点是热值高、来源广泛、价格相对便宜、输送方便、对环境友好。由于外部环境与蒸汽的温差，蒸汽管道向环境散热，导致蒸汽热能损耗，所以蒸汽管道需要做好保温。为防止蒸汽输送和停止时管道的热胀冷缩，保护蒸汽管道不被挤裂或拉裂，需要在蒸汽管道安装膨胀节。蒸汽管道中的蒸汽遇冷凝结成冷凝水，为防止在蒸汽管道中发生水锤现象，需要在蒸汽管道安装疏水阀。

化工装置供汽系统是由蒸汽发生设备和蒸汽输送管网两部分组成。化工厂常用的蒸汽发生设备主要包括以下几种：

（1）水管锅炉　水管锅炉常用于化工厂，因为它们可以生成高压、高温的蒸汽，并且具有相对较快的蒸汽产生速率，可以适应生产需求的快速变化。在水管锅炉中，水流经一系列分布在加热器四周的管子，可使这些管子暴露在燃料燃烧产生的热量中。

（2）火管锅炉　火管锅炉主要用于中小型需求量，压力和温度要求不那么高的场合，它通过燃烧产生的热能来生成蒸汽。由于火管锅炉操作和维护相对简单，工业中应用相对广泛。

（3）电加热蒸汽发生器　电加热蒸汽发生器在电力成本低的地区或要求环境排放极低的应用中受到欢迎。设备一般比较小型，能快速产生蒸汽。电加热蒸汽发生器不产生废气、相对容易控制和维护，但运营成本可能较高。

（4）废热锅炉　在一些化工过程中，会产生大量的废热。废热锅炉能够回收这些热量来产生蒸汽，从而提高能源利用效率。这种锅炉通常安装在需要大量热能的过程的下游位置。

（5）闪蒸锅炉　闪蒸锅炉适合需要快速响应蒸汽需求且需求量变化大的场合。这种类型的锅炉可以快速启动和停止。

蒸汽输送管网将蒸汽安全、有效地提供给各等级蒸汽用户，应保证各等级蒸汽管网温度、压力稳定。

想一想

水蒸气最高能达到多少度？

每一个蒸汽压力都对应了一个固定的饱和蒸汽温度，压力越高，温度越高。知道蒸汽锅炉的蒸汽压力和温度对应关系，有利于更好地确定蒸汽参数需求，蒸汽锅炉的蒸汽压力和温度对应关系可以通过表2-5查找。

表 2-5　蒸汽锅炉的蒸汽压力和温度的对应关系

压力 /MPa	温度 /℃	压力 /MPa	温度 /℃	压力 /MPa	温度 /℃	压力 /MPa	温度 /℃
0.001	6.98	0.09	96.71	3.0	233.84	12.0	324.65
0.002	17.51	0.1	99.63	3.5	242.54	12.6	328.40
0.003	24.10	0.2	120.23	4.0	250.33	13.0	330.83
0.004	28.98	0.3	133.54	4.5	257.41	13.6	334.36
0.005	32.89	0.4	143.62	5.0	263.91	14.0	336.64
0.006	36.18	0.5	151.84	5.5	269.93	14.6	339.97
0.007	39.02	0.6	158.84	6.0	277.55	15.0	342.42
0.008	41.53	0.7	164.96	6.5	280.82	15.6	345.28
0.009	43.78	0.8	170.41	7.0	285.79	16.0	347.33
0.01	45.83	0.9	175.36	7.5	290.50	16.6	350.32
0.02	60.08	1.0	179.88	8.0	294.97	17.0	352.26
0.03	69.12	1.2	187.98	8.5	299.23	17.6	355.11
0.04	75.88	1.4	195.04	9.0	303.31	18.0	356.96
0.05	81.34	1.6	201.37	9.5	307.21	18.6	359.67
0.06	85.95	1.8	207.11	10.0	310.96	19.0	361.43
0.07	89.95	2.0	211.37	10.6	315.27	19.6	364.02
0.08	93.51	2.5	223.94	11.0	318.05	20.0	365.70

过热蒸汽是将液体加热到使其全部蒸发的饱和蒸汽后，再继续加热而获得的较干的蒸汽。广泛用作将热能转化为机械能的工作介质，其效率远高于一般蒸汽。

五、供风

供风系统为化工装置提供压缩空气，空气压缩机是供风系统的核心设备。空气具有可压缩性，经空气压缩机做机械功使本身体积缩小、压力提高后的空气叫压缩空气，压缩空气是一种重要的动力源。压缩空气一般分为净化的压缩空气和非净化的压缩空气。净化的压缩空气严格要求空气中含水量、含油量、含尘量、含腐蚀性气体量等，多用于仪表控制系统及物料的输送等，又称为仪表空气或仪表风。非净化的压缩空气一般为装置辅助需要，又称为压动力风。

六、供氮

在化工生产中，氮气作为一种惰性气体，主要用于保护、输送和密封那些易燃、易爆、易腐蚀或易氧化的物质。例如，在焊接过程中，氮气可用作金属保护气；为保护设备，大型机组常使用氮气进行密封。此外，一些装置需要用纯氮气进行保护或进行置换操作。

七、废水处理

工业废水按污染物种类可分为有机废水、无机废水、重金属废水等。工业废水如未经处理直接排放，会造成河道污染，水体的自净能力受到影响，水中动植物受到污染，人的健康受到影响。废水处理就是运用特定的设施和工艺技术，对废水进行净化的过程。根据国家废水综合排放标准，石油化工企业化学需氧量（COD）一级排放标准为60mg/L，二级排放标准为120mg/L；总有机碳含量（TOC）一级排放标准为20mg/L，二级排放标准为40mg/L；废水排放pH值标准在6～9之间。我国废水排放的标准坚持行业标准优先于地方标准，地方标准优先于国家标准的原则。废水处理根据处理方法及处理程度可以分为以下类型。

1.按照处理方法分

废水处理按照处理方法可分为物理法、化学法、生物法、混合法等。

物理法　主要利用物理作用分离废水中的非溶解性物质，在处理过程中不改变化学性质。常用的有重力分离法、离心分离法、反渗透法、气浮等。

生物法　利用微生物的新陈代谢功能，将污水中呈溶解或胶体状态的有机物分解氧化为稳定的无机物质，使废水得到净化。常用的有活性污泥法和生物膜法。

化学法　是利用化学反应作用来处理或回收污水的溶解物质或胶体物质的方法，多用于工业废水。常用的有混凝法、中和法、氧化还原法、离子交换法等。

混合法　上述方法两种或多种相互结合使用。

2. 按照处理程度分

废水处理按照处理程度可分为一级处理、二级处理和三级处理。

（1）一级处理　一级处理主要是去除废水中悬浮物、漂浮物和部分胶体物质的过程。一级处理废水化学需氧量去除率一般在 20% ～ 30%。

（2）二级处理　二级处理主要是去除废水中未处理完的部分呈胶体和溶解状态的有机物，二级处理废水化学需氧量去除率一般在 80% ～ 90%。

（3）三级处理　三级处理是进一步去除难降解物质、微量杂质等的过程，如除氟、除磷等，常用混凝沉淀、过滤、离子交换、反渗透等方法。

拓展知识　化工生产中的节能降耗

化工行业是一个能源密集型行业，其能效及环保要求严格，因此节能降耗是化工企业可持续发展的关键，节能降耗技术措施的应用促进化工行业向绿色低碳发展。以下是一些常见的化工节能降耗措施：

1. 热能回收

（1）回收工艺过程中的废热，通过换热器将热量传递给冷原料或水，节省燃料和提高热效率。

（2）使用废热锅炉回收废热产生蒸汽或热水。

（3）使用蒸汽回收和凝结水系统。

2. 过程优化

（1）优化原料配比，减少原材料浪费。

（2）引入先进的催化剂和催化反应技术，提高反应器的转化率，减少副产物的产生，减少废气废水排放。

（3）使用先进的过程控制和自动化技术以提高操作效率。

（4）通过对生产过程中的各个环节进行精细化控制，减少废品率，提高产品质量。

3. 设备升级

（1）更换旧设备，如泵、压缩机和风机，采用高效电机等可以减少电力的浪费。

（2）优化换热设备，提高换热效率。

（3）引入变频驱动技术调节设备的运行，降低不必要的能量消耗。

4. 提高分离效率

（1）优化分离操作如蒸馏、结晶、过滤等，减少能量消耗。

（2）使用更有效的分离技术，如膜分离。

5. 降低能耗操作条件

（1）在化学反应中，尽量采用温和的压力和温度条件。

（2）适当增加反应器的保温效果，减少热损失。

6. 能源管理和监测

（1）使用能源管理系统，定期监测能耗。

（2）对生产过程中的能源流进行分析，发掘节能降耗的潜力。

（3）通过培训，加强员工节能意识，提高员工的节能技能和能源利用效率。

7. 利用可再生能源

结合当地资源条件，例如利用太阳能、风能、生物质能等可再生能源进行能量替代。

8. 水资源管理

（1）提升工艺水的循环利用率。

（2）采用先进的废水处理技术，通过蒸发、反渗透等方式回收用水。

9. 减少废弃物和副产品

（1）销售或再利用副产品，增加经济收益。

（2）采用清洁生产技术，减少废物的产生。

10. 物流与供应链管理

优化原料和产品的物流过程，减少运输造成的能耗和损耗。

串联以上多项措施，化工企业不仅能显著降低能耗水平，还能减少废物排放，增强自身的可持续发展能力和行业竞争力。实施节能降耗措施时，应从整个生命周期和供应链的角度来看待问题，以实现整体优化。

任务指导

1. 蒸汽的发生

（1）电加热蒸汽发生器的使用

① 使用前须认真阅读蒸汽发生器使用说明书，以确保正确地使用和维护设备。

② 每次运行设备前，蒸汽从管网倒引进炉胆，总管末端脱尽凝结水。

③ 每次运行设备前，须将蒸汽阀门和排污阀门打开，直至炉胆内的水及污物排尽。

④ 检查水箱以保证水箱内无杂物，否则可能损坏水泵或卡死止回阀。

⑤ 蒸汽发生器进入正常工作状态时，可关闭蒸汽倒引阀门，设备开始缓慢升压，当压力升至设定值时，加热自动停止，升压期间，各用汽点末端低点放空阀脱凝结水，脱凝结水后投用低点疏水器，防止水击，这时可正常使用蒸汽。

⑥ 蒸汽并管网前，查看蒸汽管网压力，确保蒸汽发生器压力略高于蒸汽总管压力后，缓慢打开蒸汽发生器并管网阀门。

⑦ 每日至少开展一次带压排污工作。当设备使用结束后，应立即断开电源，并等待15min，直至设备内压力降低至0.05MPa以下，方可进行排污操作。在排污过程中，务必注意采取防护措施，谨防烫伤事故的发生。

⑧ 每天需两次核查水处理设备的实际运行时间是否与规定相符。若发现时间不一致，应及时进行调整。同时，必须严格按照规定的时间间隔和剂量，向水处理设备中准确加注磷酸三钠，以确保水处理效果的稳定性和可靠性。

⑨ 每天进行液位计冲洗及内外操核对，确认水箱及蒸汽发生器液位正确。

⑩ 电控箱、水泵电机等部位应避免受潮进水，以防短路损坏。设备应经常保养，保持清洁。

⑪ 电加热蒸汽发生器使用过程中，由于人的大意或设备缺陷，可能会出现一些异常现象，见表2-6，需通过严格落实各项安全措施加以避免。

表2-6　电加热蒸汽发生器异常现象及处理方法

序号	异常现象	异常原因	处理方法
1	不产生蒸汽	开关保险丝断；发热管烧毁；接触器不工作；控制板出现故障	更换相应电流保险丝；更换发热管；更换接触器；修理或更换控制板
2	水泵不供水	保险丝断；水泵电机烧毁；水泵内有空气；接触器不工作	更换保险丝；维修或更换水泵电机；排气；更换接触器

续表

序号	异常现象	异常原因	处理方法
3	水位控制失常	仪表失灵，导致测量水位不准确	维修或更换仪表
4	压力波动大	压力继电器出现偏差；压力继电器失灵	重新调整压力继电器给定压力；更换压力继电器

（2）锅炉的使用　锅炉作为一种特种设备，需遵守一系列严格的安全检查和操作程序。不同类型（如燃气发汽锅炉、燃煤发汽锅炉、燃油发汽锅炉）和用途的锅炉具体操作方法可能有所不同。

以下是一些通用的基本步骤和注意事项：

① 操作前准备

a. 检查锅炉房通风、照明设施是否良好。

b. 检查锅炉各处低点放空阀，高点放空阀确认关闭。

c. 检查锅炉排污阀是否完好，开关正常。

d. 启动给水泵进行管道充压，用放空阀来调节管道压力，进行试压捉漏。捉漏结束后停用给水泵。

e. 锅炉进行多次排污，排尽锅筒及管道中的污物，检查锅炉水质是否符合要求，确保水处理系统的正常运行。

f. 检查锅炉及附属设备，如给水泵、风机、燃烧器、安全阀、各种仪表和控制系统是否完好可用。

g. 检查锅炉燃料供应系统是否正常，包括油罐、气源等。

h. 确认锅炉内水位处于规定水位之内。

② 开机步骤

a. 启动给水泵，将锅炉水位补充至正常水位线附近。

b. 启动燃烧风机，预先排除炉膛内积存的可燃气体。

c. 打开预热器和燃烧器，根据需要逐渐提高火焰和炉膛温度，防止锅筒汽水共腾。

d. 观察燃料的燃烧情况，调整空气量以确保燃烧完全。

e. 保持水位在安全水位之内，避免水位过高造成水击或水位过低损坏锅炉。

③ 运行过程监控

a. 不断监测锅炉水位、汽温、汽压和燃烧情况，同时做到现场记录与DCS记录一一对应，确保数据准确无误。

b. 定期检查和校准锅炉的安全装置和控制系统，确保它们的响应迅速准确。

c. 监控燃料消耗率，确保经济运行。

d. 时刻关注运行数据，包括水压、蒸汽压力、温度、燃烧器运行情况等。

④ 停炉程序

a. 逐步降低燃料供给，退出燃烧器。

b. 关闭主汽阀和给水阀。

c. 待锅炉压力降低，打开锅炉主汽阀阀前朝天放空阀，防止锅炉负压。

d. 当锅炉温度降至常温后，关闭所有电源，然后关闭燃烧风机。

e. 执行必要的后续维护工作，如吹扫炉膛和换热面。

⑤ 维护和安全

a. 定期对锅炉进行检查和清洗工作。

b. 按照预定计划更换磨损的部件，进行必要的检测和修理。

c. 确保所有的安全阀都定期进行检测，以检验其功能性。

d. 确保所有操作人员均已取得锅炉证，并了解紧急情况下的操作程序。

⑥ 紧急情况处理

a. 如果发生异常情况，如发生锅炉汽包满水，发生锅炉汽包缺水，发生爆管，立即按照紧急停炉的指导进行操作，同时通报相关负责人。

b. 锅炉如果因为安全设备报警或其他安全原因而自动停机，必须先识别并解决问题，再重新启动。

不同类型锅炉的操作可能会有不同的要求，操作之前应详细阅读并理解锅炉的操作手册。另外，根据有关法规，操作锅炉的工作人员通常需要持证上岗，并且在操作前进行相应的安全教育训练。

2. 蒸汽管道引蒸汽

（1）如果蒸汽疏水器的导淋阀高于 2m，需要连接相应的软管。将软管排放口放到安全地点（例如地沟）并固定。

引蒸汽操作

（2）排放点处（导淋阀出口或软管出口）用警示带隔离。

（3）关闭疏水器的前手阀，打开导淋阀排液，以保证引入蒸汽前，管线内残余冷凝液已排出，防止发生水击。在排放冷凝液时，现场操作员必须在排放点监护。如果有多个疏水器，需依次进行排凝操作（进行下一个疏水器操作前关闭已经排放完的疏水器旁通阀），如图 2-6 所示。

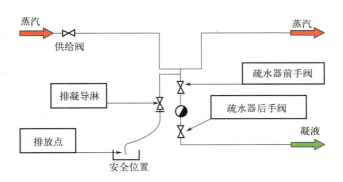

图2-6 蒸汽管道引蒸汽示意图

（4）管线内所有冷凝液排完后，将所有疏水器的前后手阀都保持关闭状态，慢慢打开蒸汽供给阀，向管线内引入蒸汽缓慢升温。

（5）缓慢打开蒸汽供给阀，立即打开第一个疏水器的导淋阀，蒸汽/冷凝液就可以从管线排出，控制蒸汽管网暖管速度以保证管线均匀升温并防止水击，在蒸汽总管末端低点排凝，直至整个总管中的冷凝水脱尽，各用汽点末端脱尽冷凝水再使用。

 注意 不允许在没有监护情况下从导淋阀处排放蒸汽/冷凝液！

（6）疏水器投用。当蒸汽管线内压力超过相连的冷凝液系统的压力时（避免冷凝液返流入蒸汽系统），打开蒸汽疏水器的前后阀将疏水器投用。

（7）蒸汽系统缓慢升压。当系统的温度和压力接近目标值时，完全打开供给阀。

（8）拆除排液阀上的软管，回装导淋阀的盲法兰或堵头，将软管按要求整理好放到指定地点。

3. 设备引蒸汽（以换热器为例）

（1）如果蒸汽疏水器的旁通阀高于2m，需要连接相应的软管。将软管排放口放到安全地点并固定。

（2）用警示带隔离排放点。

（3）关闭疏水器的前后手阀，打开导淋阀排液，以保证引入蒸汽前，已将换热器内残余冷凝液排出，防止发生水击，如图2-7所示。

（4）等到所有冷凝液完全排出后，慢慢打开蒸汽供给手阀约3%开度。蒸汽疏水器的前后手阀都保持关闭状态。

（5）打开蒸汽供给阀后，立即打开疏水器的导淋阀，蒸汽/冷凝液就可以从换热器排出，保证换热器均匀升温并防止水击。直到所有排液点都没有冷凝液只有蒸汽排出。检查换热器以及相应管线以确保没有水击或泄漏。

（6）关闭导淋阀，给换热器升压。如果换热器内压力超过相连的冷凝液系统的压力，打开蒸汽疏水器的前后阀将疏水器投用。

（7）进一步打开蒸汽供给阀，缓慢给换热器升压。当换热器的温度和压力接近目标值时，完全打开供给阀。

（8）拆下排液阀上的软管，回装盲板，然后将软管按要求整理好放到指定地点。

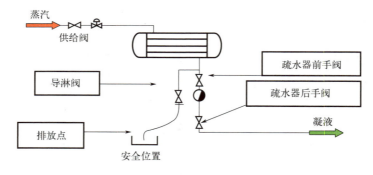

图2-7　换热器引蒸汽示意图

课后思考与探究

1. 化工企业取水水源一般有哪些？废水处理方法有哪些？

2. 简述空气压缩机使用方法。

3. 对引蒸汽作业进行危害分析。

4. 化工生产过程中，如果遇到停电、停水或停汽，如何应对？

5. 为学校实训装置蒸汽管线和所有使用蒸汽的设备撰写一份"引蒸汽操作步骤"。

任务四　吹扫与试压

任务描述

对新建、检修或变更后的装置进行吹扫和试压，去除设备、管线中的焊渣等杂物，验证管道承压能力是否符合设计压力要求。

任务目标

1. 能说出吹扫与试压的目的。
2. 能识别吹扫与试压作业中的风险。
3. 能列举吹扫与试压的常用介质，简述其适用场合和操作安全要点，根据工况正确选择吹扫与试压介质。
4. 会按照吹扫与试压方案安全规范地执行吹扫与试压操作。
5. 具备安全生产和遵守规范的意识。

基础知识

一、管路系统吹扫

1. 吹扫的定义与目的

化工管路吹扫是一个常见的工业流程维护操作，通过清除管道内的污染物、残留物质或水分，确保管道的清洁和畅通。它是在化工管线开始使用之前、维护或检修后以及介质更换前后进行的一项重要操作。

本任务实施情境为开车前吹扫。开车前吹扫和停车后吹扫的目的区别如下：

开车前吹扫	装置开工前，需要对其安装检验合格后的管道和设备进行吹扫和清洗，目的是通过使用空气（氮气）、蒸汽、水及化学溶液等流体，进行吹扫和冲洗，清除施工过程中的残留杂质，确认流程正确，保证装置顺利开车。
停车后吹扫	装置停车后检修前，在设备和管路系统中会有残留的易燃易爆、有毒有害等危险物质存在，对后期进入设备、动火作业等造成很大的隐患，通过吹扫可以去除危险物质，确保检修工作的安全。

2. 吹扫常用介质

装置开车前，系统吹扫常用介质有水、空气、水蒸气、氮气、其他惰性气体等，需根据设计要求和工艺情况，选择合适的吹扫介质。

① 水，通常用于清洗管线、管线顶水退油。

② 空气，适用于成品润滑油、水等不燃物料管线吹扫。

③ 蒸汽，适用于重质油品管线吹扫。用于轻质燃油（如：液态烃、苯、二甲苯、溶剂油、汽油、航煤、柴油等）时必须先对管线顶水后才能吹扫。

④ 氮气及其他惰性气体，适用于可燃气体、液态烃等轻质可燃介质吹扫。

3. 吹扫方法及步骤

管路吹扫

（1）水冲洗法　水冲洗是以水为介质，通过泵加压冲洗管道和设备的一种方法。

① 水冲洗原则和要求

a. 水冲洗管道一般以管内可能达到的最大流量进行。

b. 水冲洗的水质要符合冲洗管道和设备材质要求。

c. 冲洗需按顺序采用分段连续冲洗的方式进行，保证排放管道畅通安全。

d. 在冲洗时，必须在设备进出口添加盲板，只有在相连管线冲洗合格后，才可以连通。管道上如遇到流量计、阀门、过滤器等装置，必须拆下或加装临时管路，只有管线冲洗完毕后，才能将它们装上复位。

e. 水冲洗管线时，要确认管架、吊架等能承受盛满水时的载荷安全。

f. 冬季冲洗要注意防冻工作。冲洗完毕后，及时将水排尽，必要时可用压缩空气吹干。

② 水冲洗方法和流程。水冲洗一般按照以下方法和流程进行：

a. 编制冲洗方案。包括冲洗目的、范围、方法、步骤、所需材料和工具、安全措施等。

b. 设备和管道安装检查。确保所有设备和管道已经安装完毕，并且试压合格。按照 PID 图检查设备和管道的布局，确保无误。

c. 临时冲洗管线安装。确保冲洗水能够覆盖所有需要冲洗的设备和管道。

d. 冲洗设备检查。确保水冲洗所需的设施、电气和仪表设备正常投运。

e. 人员培训和熟悉方案。确保冲洗人员熟悉操作步骤、安全规程和应急措施等。

f. 冲洗前的准备。关闭所有与冲洗无关的系统，确保冲洗过程中不会有交叉污染；准备必要安全防护装备。

g. 执行冲洗操作。控制冲洗流量和压力，确保冲洗效果；观察冲洗水的颜色和透明度，判断冲洗效果，必要时进行多次冲洗。

h. 冲洗效果检查。冲洗结束后，检查设备和管道内部是否清洁，无残留物和杂质。取样分析冲洗水的水质，确保达到冲洗标准。

i. 冲洗后的处理。冲洗完成后，排空冲洗水，并进行必要的干燥处理，以防止设备和管道内部生锈或腐蚀；恢复所有临时拆除的部件和连接，确保系统恢复正常运行状态。

j. 填写记录。填写管段、设备冲洗记录和验收记录。

（2）气体（空气、氮气或其他惰性气体）吹扫法　气体吹扫是以气体为介质，吹除工艺管道残余杂物的一种方法。

① 气体吹扫的原则和要求。吹扫时应保证足够的气量，使吹扫气体流动速度大于正常操作的流速。吹扫前，需将吹扫管道上的检测仪表、控制阀、安全阀拆除，防止损伤仪表元器件及控制阀与安全阀。在爆破吹扫出口位置安装爆破片及白布靶板或白铅油靶板，靶位周

边设置安全隔离区域。吹扫前必须在换热器、塔釜等设备的进出口添加盲板，防止杂质进入。只有上游吹扫合格后，才能进行后续系统的吹扫。

②气体吹扫的准备条件。为确保吹扫工作的顺利进行，吹扫前需进行以下准备条件确认。

a.工艺系统管道、设备安装竣工，试压合格。

b.吹扫管道中的所有仪表已经做好防护措施。

c.禁吹的设备、机泵等已按要求装好盲板。

d.供吹扫用的临时配管、阀门等，已经准备就位。

e.公用工程气体压缩机运转，具备连续供气条件。

f.吹扫人员熟知吹扫方案，清楚吹扫程序、流向、排气口等。

g.吹扫记录表准备齐全。

③气体吹扫方法和要点

a.按照吹扫流程图的顺序对各系统进行逐一吹扫。吹扫时先吹扫主干线，再吹扫分支线。

b.吹扫采用在各排放口连续排放的方式进行，并以木槌连续敲击管道，特别是焊缝和死角等部位应重点敲击，但不得损伤管道。

c.吹扫开始时，需缓慢向系统送气，当检查口有气体排出后，方可加大吹扫气量，防止盲板、阀门等不正确原因造成系统超压，产生故障。

d.多套系统吹扫时，要服从统一指挥，避免人员和设备损伤。

e.吹扫过程中如果管线口径过大或气流速度达不到吹扫效果，可以对管线进行憋压吹扫，来达到清除管线内垃圾的目的。

f.在吹扫结束确认合格后，对仪表部件、控制阀、安全阀、盲板等进行复位。

g.如果吹扫介质是氮气，必须注意窒息事故发生，尤其在管线泄压时，操作工必须在上风口操作。

④建立检验方法与吹扫合格标准。吹扫完成，当目视排气清净时，在排气口用白布靶板或白铅油靶板检查，如5min内靶板上无铁锈、灰尘、水分及其他杂物和麻点即为合格。

（3）蒸汽吹扫法　蒸汽吹扫是以不同参数的蒸汽为介质的吹扫，它有很快的吹扫速度，可以通过间断的蒸汽吹扫方式，使管线通过热胀冷缩剥离管线内壁附着物，达到最佳的吹扫效果。

安全广播

蒸汽吹扫温度高、压力大、流速快，管道受热后产生膨胀位移，降温后发生收缩，所以要充分考虑到对系统结构的影响，保证吹扫时人身和设备的安全。

①蒸汽吹扫的原则和要求。蒸汽管道应以大流量蒸汽进行吹扫，流速不应低于30m/s。蒸汽吹扫时，需注意检查蒸汽压力和温度、吹扫阀门的开度，有液体介质的管道引入蒸汽时，要脱尽凝结水，升温要缓慢，防止"水锤现象"损坏管道。

②蒸汽吹扫的准备条件。蒸汽吹扫前，需确认以下准备条件是否具备：

a.制定完备的蒸汽吹扫方案，内容应包括：吹扫范围、吹扫流程、吹扫压力等级、吹扫方法、吹扫顺序、鉴定标准和方法以及安全措施和注意事项等。

b.对蒸汽管道、管件、管支架、管托等做详细检查，确认牢固可靠。

c.按吹扫方案要求，所有临时配管、阀门、放空管等均已安装完毕。

d.确认被吹扫管线上的所有仪表元件、调节阀、疏水器等是否已经拆除，已采取短节连接等保护措施。

③ 蒸汽管网的吹扫方法和要点

a.蒸汽吹扫通常按管网配置顺序进行，一般先吹扫高压蒸汽管道，然后吹扫中压管道，最后吹扫低压蒸汽管道。对每级管道而言，由近及远，应先吹扫主干线，然后吹扫分支。各管段疏水器等管道吹扫完毕后再装上。

b.蒸汽管线的吹扫方法宜采取"脱水→暖管→吹扫→断汽→排汽→降压→降温"的方式，周而复始地进行，使管内壁的附着物剥离，达到好的吹扫效果。同时可采取间断憋压方法，可提高管线压力及温度，有利于管线吹扫干净。管径较大的管线采取憋压爆破吹扫法更有效。

c.蒸汽吹扫必须先充分暖管，自蒸汽源最近放空处逐个放凝结水，直到吹扫点，防止发生"水锤现象"。在吹扫第一周期时，要特别注意检查管线的热膨胀，管道的滑动是否正常。

加油站

蒸汽管道为什么容易产生"水锤现象"

一是由于蒸汽的流动速度比水高很多，在气流的冲击下，水以较高的速度冲击管道系统。二是蒸汽急速冷凝，体积骤减（1000倍左右），管道内短暂形成真空，造成冷凝水相互间的撞击。如果管道内同时存在高温蒸汽和低温冷凝水，将会产生危害较大的"水锤现象"，严重时甚至造成人员伤害和设备的永久损坏。

④ 蒸汽吹扫的安全注意事项。蒸汽吹扫前需设置吹扫警戒线，防止人员误入吹扫口范围内，酿成事故。对于有毒有害介质管线吹扫，必须全程采用密闭吹扫，不许外放。吹扫过程中，做好统一部署和安排，各方要根据实际进行情况，协同做好蒸汽吹扫工作。

二、管路系统试压

1.试压目的

新安装的管路系统或修理中更换的管段，在装置投用前都应对其进行压力试验，以求证其实际的承压能力，同时查出设备管线的泄漏点，及时消除隐患。

2.试压类型

按试验的目的可分为强度试验、严密性试验、真空试验与渗漏试验。多数管道只做强度试验和严密性试验。

强度试验	严密性试验	真空试验	渗漏试验
检查管道力学性能	检查管道连接质量	检查管道系统真空保持性能	基于防火安全考虑

管道系统的强度试验与严密性试验一般采用水压试验，如因设计结构或不允许有液体残留等不能采用水压试验时，可采用气压试验。

3.试压介质

压力试验根据介质状态分为液压试验和气压试验两种，一般情况采用液压试验，水是最常用的试验介质，当对奥氏体不锈钢管道或对连有奥氏体不锈钢管道或设备的管道进行试验时，水中氯离子含量不得超过 25×10^{-6}（25ppm，重量百分比）。当由于不允许有液体残留、承重等不能采用水压试验时，且管道的设计压力小于或等于 0.6MPa 时，也可采用气体为试验介质，但应采取有效的超压安全措施。另外，脆性材料严禁使用气体进行压力试验。

4. 压力试验前应具备的条件

压力试验前，需确认以下准备条件是否具备：

① 按试验的要求，管道已经固定，膨胀节已设置了临时约束装置。

② 试验用压力表已校验，在周检期内，其精度不得低于 1.5 级，表的满刻度值应为被测压力的 1.5 ～ 2 倍，压力表不得少于 2 块。

③ 符合压力试验要求的介质已经备齐。

④ 待试管道与无关系统已用盲板或采取其他措施隔开。

⑤ 待试管道上的安全阀、爆破板及仪表元件等已经拆下或加以隔离。

5. 试验方法与步骤

（1）水压试验　水压试验采用清洁的水作介质。压力管道的水压试验压力为管道设计压力的 1.5 倍左右，压力容器的水压试验压力为容器设计压力的 1.25 倍左右。水压试验一般按照如下步骤进行：

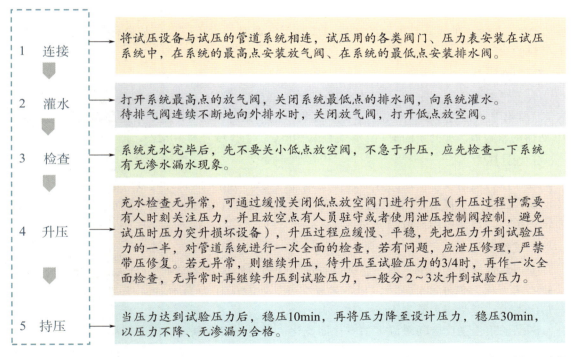

水压试验结束后，停泵，低点放空阀开大撤压，拆除盲板、膨胀节限位设施，排尽系统中的积水。此外，水压试验环境温度低于 5℃ 时，应采取防冻措施。试验时，应测量试验温度，严禁材料试验温度接近脆性转变温度。

（2）气压试验　气压试验使用的介质气体必须是无毒无害的，可以使用空气、氮气等。试验压力为设计压力的 1.15 倍左右。

试验时，压力应逐级上升，先升到试验压力的 50% 进行检查，如无泄漏

管路气密性试验

67

及异常现象，继续按试验压力的 10% 逐级升压，直至达到强度试验压力。每级试验压力稳压 3min，达到试验压力后稳压一段时间，以无泄漏、目测无变形为合格，试验压力和持压时间按有关标准执行。

如发现有漏气的地方，应在该处做上标记，带压紧漏。若无法完成则放压更换垫片进行捉漏消缺。消除缺陷后，再升压至试验压力，当达到试验压力后，要达到稳压 12h 以上保持不漏才算合格。

安全广播

压力试验是一种破坏性试验，具有一定的危险性。故应设立组织机构，由专人统一指挥。在试验区域周围设置安全围栏或警戒绳，并设立警告标识，严禁无关人员进入试压区域。

拓展知识　管道的公称压力、工作压力、设计压力、试验压力

1. 公称压力

基准温度下的耐压强度，用符号 PN 表示。材料不同，基准温度也不同，铸铁和铜的基准温度为 120℃，钢的基准温度为 200℃，合金钢的基准温度为 250℃。塑料制品的基准温度为 20℃，材料在基准温度下的耐压强度接近常温时的耐压强度，故公称压力也接近常温下材料的耐压强度。

2. 工作压力

为了管道系统运行安全，根据输送介质的各级最高工作温度所规定的最大压力，一般用 p_t 表示。工作压力应注明其工作温度，通常是在 p 的下角附加数字，该数字是最高工作温度除以 10 所得的整数值，如介质的最高工作温度为 300℃，工作压力为 10MPa，则记为 $p_{30}10MPa$。

3. 设计压力

设计压力是指设定的压力容器顶部的最高压力，与相应的设计温度一起作为设计载荷条件，设计压力值不得低于工作压力。一般情况下，设计计算时选定的系统承受的最高压力作为设计压力。设计压力一般用 p_e 表示。

4. 试验压力

管道与管路附件在出厂前，必须进行压力试验，检查其强度和密封性，对制品进行强度试验的压力称为强度试验压力，用符号 p_s 表示，如试验压力为 4MPa，记为 p_s4MPa。从安全角度考虑，试验压力必须大于公称压力。

制品的耐压强度会随着温度的变化而变化，通过强度计算可以找出制品的耐压强度与温度之间的变化规律。在工程实践中，通常按照制品的最高耐温界限，把工作温度分成若干等级，并计算每个温度等级下制品的允许工作压力。例如，用优质碳素钢制造的制品，工作温度分为 11 个等级，每个工作温度等级下的工作压力见表 2-7。

5. 公称压力、工作压力、设计压力、试验压力之间的关系

试验压力＞公称压力＞设计压力＞工作压力，一般来说，设计压力、工作压力、试验压力之间的关系如下：

设计压力 =1.5× 工作压力（通常）

$$试验压力 =1.5× 设计压力（液压）$$
$$试验压力 =1.15× 设计压力（气压）$$

表 2-7 优质碳素钢制品每个工作温度等级下的工作压力

序号	温度等级	温度范围/℃	最大工作压力	序号	温度等级	温度范围/℃	最大工作压力
1	1	0～200	1PN	7	7	351～375	0.67PN
2	2	201～250	0.92PN	8	8	376～400	0.64PN
3	3	251～275	0.86PN	9	9	401～425	0.55PN
4	4	276～300	0.81PN	10	10	426～435	0.50PN
5	5	301～325	0.75PN	11	11	436～450	0.45PN
6	6	326～350	0.71PN				

任务指导

1. 工具准备

吹扫与试压需要用到一些特定的设备和工具，常见的吹扫和试压工具见表 2-8。

表 2-8 空气吹扫作业常用设备和工具

序号	名称	单位	规格	数量
1	盲板	个	根据工艺条件确定	若干
2	拆卸工具（扳手等）	套	根据相关尺寸确定	1
3	临时管线	根	根据管道参数确定	若干
4	软管	个	带有快速接头	1
5	木槌	把	木质	1
6	白布靶板	块	定制	1
7	试压泵	台	固定电动式或移动手摇式	1

2. 吹扫操作

以空气吹扫为例，吹扫各步骤的具体做法见表 2-9。

表 2-9　空气吹扫操作步骤

序号	步骤	图示	要求
1	仪表元件拆除		将压力表、单向阀等结构复杂的仪表或阀门拆除，用短接替换
2	系统隔离		在吹扫介质不能通入部分的相应位置进行盲板抽堵，做好系统隔离
3	检查气源		检查空气压缩机是否正常运转，具备连续供气条件，出口压力和减压后的管线出口压力符合吹扫要求
4	吹扫防护		吹扫空气排出口周围，采取防护措施，挂上标志牌
5	打通流程		按照吹扫流程图，打通流程，检查相关阀门的开关状态，使压缩空气与管路系统连通
6	实施主路吹扫	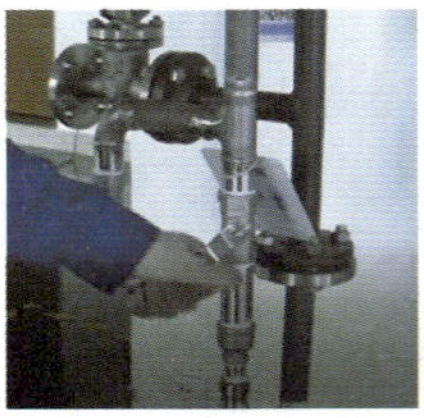	打开进气阀门缓慢送气，逐步加大到正常气量，同时用木槌连续敲击管道（打靶吹扫需要跳开孔板、控制阀等关键部位）

序号	步骤	图示	要求
7	吹扫打靶		在吹扫气体出口处放置靶板（必须有固定支架或法兰连接，安装完毕，操作人员撤离现场）
8	靶板检测		目视排气清净（不得近距离查看，避免氮气等介质造成人员窒息等事故），在排气口用白布靶板检查，5min 内靶板上无铁锈、灰尘、水分及其他杂物和麻点即为合格
9	实施支路吹扫		调整阀门开关状态，切换到支路，打开进气阀开始时缓慢送气，逐步加大到正常气量，同时用木槌连续敲击管道
10	吹扫打靶		在吹扫气体出口处放置靶板（必须有固定支架或法兰连接）
11	靶板检测		目视排气清净（不得近距离查看，避免氮气等介质造成人员窒息等事故），在排气口用白布靶板检查，5min 内靶板上无铁锈、灰尘、水分及其他杂物和麻点即为合格
12	系统复位		将管路系统恢复到正常状态，拆除的仪表等设施安装好，软管拆除，盲板翻转或拆除，阀门复位

3. 试压操作

以试压泵进行水压试验为例，试压各步骤的具体做法见表 2-10。

表 2-10　水压试验操作步骤

序号	步骤	图示	要求
1	仪表元件安装		将拆卸的仪表、阀门等安装复位
2	连接		将试压泵连接到待试压的管路系统
3	打通流程	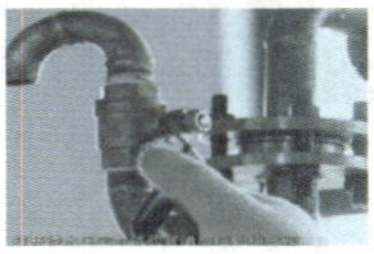	打开高位放空阀，同时确认关闭低位放空阀
			关闭放料阀
4	灌水	   	向管路内注水，当高位放空阀有水溢出时，打开低位放空阀，同时关闭高位放空阀（防止憋坏试压机泵）

续表

序号	步骤	图示	要求
5	检查		检查系统有无渗水漏水现象
6	升压		缓慢关小低点放空，逐步增压到试验压力，并稳压 10min
7	稳压		缓慢开大低点放空，将试验压力降至设计压力，稳压 30min，以压力不降、无渗漏为合格。（当发现泄漏时，带压处理，若无法完成则放压更换垫片进行捉漏消缺，重新试验）
8	泄压		确认泄压口无人站立，操作人员站立于泄压阀侧面（不得正对泄压位置），打开泄压阀门将管路系统泄压，将试压泵泄压阀打开，泄除试压泵的压力
9	系统复位	 	将管路系统恢复到正常状态，试压泵拆除，普通盲板拆除（"8"字盲板翻转），阀门复位
10	现场整理		整理工作现场，将所有工具、用品摆放到原位，做好卫生清洁

4.异常或违规处理

吹扫与试压作业过程中，由于人的大意或设备缺陷，可能会出现以下异常或违规现象（见表 2-11），需通过严格落实各项安全措施加以避免。

表 2-11　空气吹扫作业常见异常（违规）现象

序号	异常（违规）现象	异常（违规）原因	处理方法
1	气源压力不足	压缩机故障	检查压缩机
2	仪表受损	未进行拆除	按要求进行仪表拆除
3	安全阀等设备受损	未用盲板进行隔离	按要求进行隔离
4	无关人员进入现场	未设置警示牌	按要求设置警示牌
5	压力伤人	吹扫时排气管口无人监护，试压时未正确、及时泄压	吹扫时排气管口安排专人监护，不得有人靠近管口；试压完成后将管道和手摇泵泄压，泄压时注意人员安全
6	流程错误	人为因素	严格按照吹扫流程图和试压方案进行正确流程操作

课后思考与探究

1. 化工装置开车前进行吹扫的目的是什么？
2. 吹扫介质的选取依据有哪些？
3. 蒸汽吹扫的危险因素有哪些？分别可以采取哪些措施控制？
4. 化工装置开车前进行试压的目的是什么？
5. 什么时候采用气压试验？采取哪些措施可以控制气压试验的危险性？

任务五 化工装置试车

任务描述

化工装置新建完成或检修完毕后，在正式开车前，必须通过试车验证设备、管路、电气仪表等是否可以正常运行，验证装置是否能在设计的工艺条件下正常操作运行。

任务目标

1. 能概述装置试车的定义与一般流程。
2. 能说出预试车、冷试车和热试车的目的及内容。
3. 能概述典型单体设备试车的方法。
4. 能按照装置试车操作规程进行特定装置的试车。
5. 具备严格执行化工装置操作规程的意识。

基础知识

一、装置试车的定义

装置试车是指化工装置建设项目从建设阶段的装置设备安装完成后至装置投入运行、通过考核并正式验收的过渡性衔接过程，装置检修完成后开车前一般也需进行试车。

想一想

"试车"与"开车"有什么区别？

试车：对生产流程或设备进行一系列试验调节的过程。

开车：启动生产流程或设备的具体动作。

① 试车是正式开车前的准备及调试工作。

② 开车可以是一次试车后多次的重复动作。

③ 试车只发生在装置新建、改建、扩建及大修后。

二、装置试车的流程

化工装置试车一般分预试车、联动试车（冷试车）、热试车、投料试车四个主要阶段，包含动静设备试车、生产准备、机械竣工、验收竣工等工作。化工装置试车需由施工单位与建设单位配合完成，试车工作流程如图2-8所示。

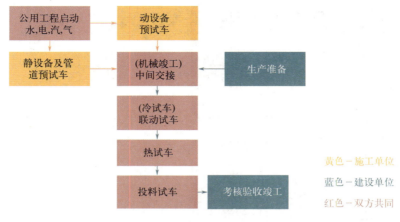

图2-8　装置试车工作流程图

三、装置试车

1.预试车

预试车是装置安装就位后的工作，是施工过程的最后收尾阶段，由施工单位负责组织，建设单位监督。

预试车一般指运转设备的驱动装置空负荷运转或单台机器、机组以水、空气等为介质进行的负荷试车，以检验装置除受介质影响外的力学性能和制造、安装质量，还包括静设备的内件安装及检查，以及电气、仪表单台性能的试验。

2.冷试车

冷试车是用水、空气或其他和生产物料相类似的介质，代替生产物料所进行的一种模拟生产状态的试车及投料试车前的最后检查和准备，也叫"联动试车"。

冷试车的目的是全面检查装置的机器设备、管道、阀门、自控仪表、联锁和供电等公用工程的性能与质量，全面检查施工安装是否符合设计与标准规范及达到热试车（化工投料试车）的要求，进行生产操作人员的实战演练。冷试车一般包含干联运、水联运和油联运几种，根据生产需要选择一种或几种进行试车。

（1）干联运　化工装置干联运试车不使用任何液体介质，即没有"湿"的过程。干联运试车主要是为了检查设备的机械安装情况、管道连接状态、仪表和电气系统的正确性以及控制系统的反应速度和准确性。

在干联运试车过程中，工作人员将模拟化工生产操作，但不引入原料和产品。例如，泵和压缩机会进行空转，阀门和开关会按照操作程序进行操作检测，仪表和控制系统会进行模拟信号测试，以验证工艺流程的正确性，确保自动控制系统按预定的控制逻辑进行反应。

这个阶段是对所有移动部件、旋转设备和工艺控制系统的一次全面检查，以确保设备在没有物料负荷的情况下的运行性能。只有在干联运试车通过之后，装置才会进行液体介质的水联运试车或者直接进入化学品的投料试车，即"湿"试车阶段。

（2）水联运　化工装置"水联运试车"也叫"安全流体模拟运行试车"，是指在化工生产过程中，新建或改建的化工装置在正式进入生产前，使用水或其他无危害介质进行的联合运转试验。这个过程是为了验证装置的系统完整性和操作的可靠性，检查管道、设备、仪表及控制系统等是否满足设计和工艺要求。

水联运试车过程中用水代替真实的化学品模拟化工生产流程。这样做的目的是确保系统在没有化学风险的情况下运行正常，同时对操作人员的熟练程度进行考核与培训。试车时关注装置是否泄漏、设备是否运转正常、控制系统是否准确响应以及安全阀门、紧急停车系统等安全装置是否有效。

水联运试车是保证化工装置安全生产的一个重要步骤，可以充分发现问题或缺陷并及时处理，在危险物料引入前为操作工人提供熟悉装置的机会，获得如何控制各流体回路的经验，也可以避免真实工艺物料引入后难以清洗带来的问题。成功的水联运试车是化工装置投产前的必要条件，确保了装置按照设计要求安全、稳定、长期运行。

安全广播

水联运注意事项：水联运期间，密切监控系统的压力、流量和温度，防止超过设计限值引发事故。充水和启动过程中要缓慢进行，避免"水锤现象"和管道或设备因压力变化而突然损坏。确保系统内不留存空气囊，避免影响水流和造成设备运转问题。

（3）油联运　"油联运"又称"溶剂流体模拟运行"，是指采用油品类介质（如轻柴油等）代替最终的加工原料来进行的联合运转试验。这一过程用于检验装置的功能、设备的完整性、管线的密封性及控制系统的准确性。油联运通常适用于那些最终产品为油品或涉及油品加工的工艺流程，它比水联运更接近实际生产条件，能够更精准地模拟化工过程和发现潜在的问题。

经过水联运、维修和必要的改正之后，装置可以开始进行油联运。在这一过程中，通常使用的溶剂是相对于工艺介质来说性质较为安全的流体，或者是工艺介质本身。油联运的主要目的是在引入更具危险性的工艺流体之前，在设计条件或接近设计条件的状态下，对系统的各个设备以及仪表回路进行检验。此外，油联运还为操作人员提供了熟悉装置运行的最佳机会。在整个油联运过程中，必须确保不发生任何化学反应，以保证试验流体的成分和性质始终处于可预知的范围内。

3.热试车

化工装置热试车是指通入蒸汽、热水、热油或其他热介质将装置加热至工艺规定的温度，以模拟实际生产过程中将会遇到的温度条件进行试运行。进行热试车的目的是验证在工作温度下，装置的所有部件和系统是否按照设计工作，包括检查仪器校准、控制逻辑、设备的热膨胀、耐温耐压性能及整个系统的密封性。同时，也是对操作人员进行实际操作前的重要培训。热试车成功，表明装置可移至下一阶段，投入真实化学反应物料，进行投料试车或试生产。

4.投料试车

投料试车则是指在热试车合格后，实际将化工原料按照工艺要求投入装置中，进行化学反应和生产操作的过程。这一阶段主要是验证装置在真实工况下的生产能

化工投料试车方案
(1) 装置概况及试车目标；
(2) 组织与指挥；
(3) 投料试车前应具备的条件；
(4) 原料、燃料以及公用工程要求；
(5) 正常情况下工序开车程序；
(6) 特殊情况下工序开车程序；
(7) 主要参数的控制、调节要求；
(8) 正常情况下工序停车程序；
(9) 紧急情况下的停车程序；
(10) 工艺控制指标；
(11) 分析化验项目和要求；
(12) 常见故障的处理；
(13) 职业健康、安全及环境保护要求。

力、产品质量、系统控制的稳定性和调整的适应性，以及操作人员的工艺操作水平。

化工投料试车前应编制投料试车方案，建立生产指挥调度系统，明确责任，做好充分准备。

投料试车的注意事项：
① 参加试车人员应佩戴试车证，无证人员不得进入试车区；
② 应由项目装置的生产指挥系统进行指挥，严禁多头领导、越级指挥；
③ 应按投料试车方案和操作规程进行操作，在试车期间应实行监护操作制度；
④ 投料试车应循序渐进，当上一道工序不稳定或下一道工序不具备条件时，不得进行下一道工序试车。

拓展知识　螺栓冷态紧固和热态紧固

1.冷态紧固（冷紧）和热态紧固（热紧）的定义

冷紧

● 是防止管道在工作温度下，因冷缩导致可拆连接处泄漏而进行的紧固操作，通常在管道停止工作或还未投入使用时进行紧固。

热紧

● 是在管道工作时，管道受到高温作用使得管道产生热胀的体积变化，为保证管道连接的紧密性，采用的一种特殊紧固方式。

2.冷态紧固和热态紧固的方法与要求

根据《石油化工有毒、可燃介质钢制管道工程施工及验收规范》SH/T 3501—2021，管道系统试运行时，高温或低温管道的连接螺柱，应按下列规定进行热态紧固或冷态紧固。

（1）螺柱热态紧固或冷态紧固作业的温度应符合表 2-12 的规定。

表 2-12　螺柱热态紧固、冷态紧固作业温度

工作温度 /℃	一次热紧、冷紧温度 /℃	二次热紧、冷紧温度 /℃
250 ~ 350	工作温度	—
> 350	350	工作温度
-70 ~ -29	工作温度	—
< -70	-70	工作温度

（2）热态紧固或冷态紧固应在紧固作业温度稳定后进行。

（3）紧固管道连接螺柱时，管道的最大内压力应符合下列规定：
① 当设计压力小于或等于 6MPa 时，热态紧固的最大内压力应小于 0.3MPa；
② 当设计压力大于 6MPa 时，热态紧固的最大内压力应小于 0.5MPa；
③ 冷态紧固应在泄压后进行。

（4）螺柱紧固应有安全技术措施，保障操作人员的安全。

根据国内的使用经验，热紧对改善高温下法兰密封效果较为显著。但必须注意，法兰垫片密封力的作用不是要求越大越好，而是在满足基本密封比压后强调一个均匀性，因此过度的热紧有时会破坏已经均匀的螺栓力而起到负面的作用。另外，热紧也容易使垫片因压缩量过大超过弹性极限，造成永久性塑性变形而损伤，当温度降低后垫片不能完全回弹产生泄漏。因此，必须严格控制热紧时的螺栓力，并使螺栓受力均匀。

任务指导

1. 预试车

（1）离心泵

① 一般外观检查。离心泵的一般外观检查主要包括以下项目：

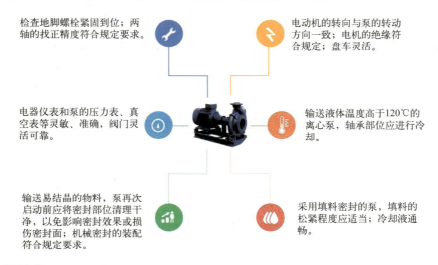

检查地脚螺栓紧固到位；两轴的找正精度符合规定要求。

电动机的转向与泵的转动方向一致；电机的绝缘符合规定；盘车灵活。

电器仪表和泵的压力表、真空表等灵敏、准确，阀门灵活可靠。

输送液体温度高于120℃的离心泵，轴承部位应进行冷却。

输送易结晶的物料，泵再次启动前应将密封部位清理干净，以免影响密封效果或损伤密封面；机械密封的装配符合规定要求。

采用填料密封的泵，填料的松紧程度应适当；冷却液通畅。

② 负荷试车。

a. 离心泵电机进行单试，确认电机转向正确。

b. 连接离心泵与电机的联轴器，并进行中心校对，盘车正常无卡滞。

c. 确认电机及离心泵地脚螺栓无松动。

d. 对离心泵实施灌泵作业，充液、置换、排气等过程按技术文件规定的要求执行。打开排气阀使液体充满整个泵体，再关闭排气阀。

e. 凡允许以水为介质进行试运转的离心泵，应以水进行试验，这样最安全，轴承箱加注规定牌号的润滑油，投用轴承箱冷却水。

f. 启动离心泵后，待其出口压力及电流稳定后缓慢开启出口阀。在出口额定工作压力的25%、50%、75%的条件下分段运转试验；各段运转时间均应不少于0.5h；最后在额定工作压力下连续运转4h以上；在前一压力级试运转未合格前，不应进行后一压力级的试验。

g. 离心泵运行阶段各部件振速及振幅正常，无异常声响和摩擦现象，密封无泄漏。附属系统的运转应正常，管道及阀门各静密封点无渗漏。

h. 离心泵及电机轴承的温度不超过70℃，电机不超电流，离心泵流量正常。

i. 停运离心泵前应逐渐全关其出口阀，待出口阀全关后，按停电机。若短时间内该泵不再试运行，则关闭进口阀，实施电机拉电作业。

加油站

高温泵在试运转前，先开启泵入口阀、预热线和密闭放空阀实施预热作业，预热时同步实施密闭灌泵。泵体表面与被输送介质的温差不大于40℃；泵体预热时，温度应均匀上升，每小时温升不大于50℃；预热过程中，每隔10min盘车半圈；温度超过150℃时，每隔5min盘车半圈；预热期间检查泵体密封泄漏量是否超标。高温泵的备用泵自主泵运行起就做好预热工作，达到随时启动的要求。

（2）往复式压缩机组

① 空负荷试运转。压缩机启动前，需以手动操作检查电器、控制元件、旋转部件等的完备、紧固情况是否达到试车要求。手动操作油泵使润滑油充满润滑油管，检查从油管路末端排出的油滴是否合格。在气缸进排气口安装粗筛网。启动润滑油系统强制循环，控制润滑油冷后温度不超过45℃，且联锁逻辑调试合格后方能启动压缩机。

第一次瞬间启动后立即停车，检查压缩机有无异常声响和故障。第二次启动运转5～10min分或达额定转速时，立即停车，检查压缩机各部的声响、发热及振动情况。无异常后再次启动运转30min。观察油压表是否灵敏，检测循环油系统油压，检测轴承、填料函、十字头滑道等部位温度及电机的温升和电流值是否超过规定值。

② 负荷试运转。启动压缩机空负荷运转10～15min，注意检查润滑油系统油压，压缩机各气缸的供油和冷却水的供给是否正常，检查压缩机机身密封结构及系统的严密性，检查主辅机的工作情况。

关闭油水吹除阀，并逐渐关闭放气阀进行升压运转。对中、高压压缩机可按额定排气压力的25%分级逐步加压，每加压一次连续运转30min，在额定压力下连续运转不得少于2h。压缩机运行过程中，安全阀必须以额定压力进行开闭试验。

在额定压力运转状态下，检验自控系统工作的正确性、可靠性。测定机组振动情况及噪声。要注意电动机电流，各级排气温度，润滑油压力、温度等均不得超过规定值。

注意检查填料及管路有无泄漏，观察升压过程中有无异常现象。压缩机运行过程中，如出现故障停机，应查明故障原因并排除故障后方可再次启动运行压缩机。检测各级进排气、冷却水和润滑油的温度。

（3）换热器

① 热交换器运抵现场后必须重新进行管程及壳程检漏试验，若发现管程存在内漏要进行抽芯维修。

② 试验用水或化学药品应满足试验需要。

③ 试验时应在管间注水、充压，重点检查涨口或焊口处，检漏压力应该控制在换热器的规定范围内。

④ 投用时先开冷流、再开热流，注意管程与壳程的脱气，防止气阻。

⑤ 停用时先停热流、再停冷流。若停用则应排净存水，并吹扫干燥。

（4）仪表系统调试

① 仪表系统调试前条件

a. 仪表空气站具备正常运行条件，仪表空气管道系统已吹扫合格。

b. 控制室的空调、不间断电源能正常使用。

c. 变送器、指示记录仪表、联锁及报警的发讯开关、调节阀以及盘装、架装仪表等的单体调校已完成。

d. 自动控制系统调节器的 PID（比例积分微分）整定参数已预置，前馈控制参数、比例值及各种校正的比例偏置系统已按有关数据进行计算和预置。

e. 各类模拟信号发生装置、测试仪器、标准样气、通信工具等已齐备。

f. 全部现场仪表及调节阀均处于投用状态。

g. 对涉及（一重大、两重点）关键装置、重点岗位，要先对自动联锁、报警系统进行分别调试，确保完好。

② 调试要求

a. 检测和自动控制系统在与机械联试前，应先进行模拟调试，即在变送器处输入模拟信号，在 DCS 系统操作台或二次仪表上检查其输入处理、控制手动及自动切换、输出处理的全部功能。确保调节阀动作方向、响应速度、阀位与电流输出对应正确无误。

b. 自动联锁和报警系统在与机械联试前应先进行模拟调试，即在发讯开关处输入模拟信号，检查其逻辑正确和动作情况，并调整至合格为止。

c. 调校仪表时，仪表、电气、工艺操作人员必须密切配合、互相协作。

化工投料试车前，应对前馈控制、比例控制以及含有校正器的控制系统，根据负荷量及实际物料成分，重新整定各项参数。

（5）电气系统调试

① 电气系统调试前条件

a. 隔离开关、负荷开关、高压断路器、变压器、互感器、硅整流器等已调试合格。

b. 继电保护系统及二次回路的绝缘电阻已经耐压试验和调整。

c. 具备高压电气绝缘油的试验报告。

d. 具备蓄电池充、放电记录曲线及电解液化验报告。

e. 具备防雷、保护接地电阻的测试记录。

f. 具备电机、电缆的试验合格记录。

g. 具备联锁保护试验合格记录。

② 调试要求

a. 供配电人员必须按制度上岗，严格执行操作制度。

b. 变电所、配电所在受电前必须按规定对继电保护装置、自动重合闸装置、报警及预相系统进行模拟试验。

c. 对可编程逻辑控制器的保护装置应逐项模拟联锁及报警参数，应验证其逻辑的正确性。

d. 应进行事故电源系统的试车和确认。

e. 应按照规定的停送电程序操作。

f. 送电前应进行电气系统验收。

g. 对大型机组综合保护系统进行联调。

2. 冷试车

（1）干联运试车　干联运试车的主要操作步骤包括：

① 准备工作。确保所有设备安装完毕，所有的电气连接和仪表连线均已完成且符合设计要求。检查管道、仪表、阀门和设备等是否正确安装，并已完成清洁和检查工作。

② 安全检查。开展安全培训，确保试车人员熟悉设备安全操作程序。检查紧急停车系统、安全阀、报警系统等安全设施是否完整有效。

③ 功能测试。对旋转设备如泵、风机、压缩机等进行空载试运行，检查设备的噪声和振动是否正常。对静设备进行视察，确保无异常。

④ 系统联动。模拟工艺流程，进行系统联动测试，通过控制系统对设备启停、阀门开闭、仪表读数等进行逐一检查。

⑤ 异常处理演练。模拟设备和系统的潜在异常情况，进行应急处理的模拟演练。

⑥ 记录和评估。详细记录试车过程中发现的问题和处理结果，评估设备运行情况是否符合设计标准。

（2）水联运试车　水联运试车的主要操作步骤包括：

① 准备阶段。确保所有设备、管道和阀门等已按设计要求完成安装，并通过了干联运试车。同时，完成试车必要的安全培训和风险评估。

② 充水阶段。向系统缓慢注入水，检查整个系统是否有泄漏点，验证管道和容器的密封性。

③ 循环阶段。启动泵，使水在系统中循环，模拟化学品的实际流动条件。运行期间监控设备运行状态，如温度、压力、流量等是否符合工艺要求。

④ 功能测试。检查各种仪表和控制系统是否准确响应，操作阀门确保其灵活可靠，同时验证紧急停车和安全系统的有效性。

⑤ 系统调试。根据实际运行数据，调整设备参数和控制逻辑，以达到设计的工艺要求。

⑥ 记录与评估。详细记录测试中的数据和任何发现的问题，评估是否达到预期效果，出现的问题需要及时处理。

（3）油联运试车　油联运的主要操作步骤包括：

① 准备工作。确保设备安装、管线连接完毕，系统经过清洗，并完成水联运试车。

② 充油准备。使用的油品通常为轻质柴油或其他不影响系统和工艺的替代油品，开始充填前需进行安全检查和确认。

③ 充油试车。缓慢向系统中充油，逐步升压至工作压力，检查各连接处是否有泄漏。

④ 功能检查。启动油泵，使油品在系统中循环，对设备和流程进行功能性测试，检查并调整设备参数以达到设计要求。

⑤ 控制系统验证。检验控制系统是否能准确响应工艺变化，确保自动化程度符合设计。

⑥ 稳态运行与调试。在连续运行中对系统进行细致的调试，直至各项指标稳定达到设计值。

⑦ 记录分析。详细记录试车数据和过程中的异常情况，必要时进行问题诊断和调整。

3. 热试车

热试车的主要操作步骤如下：

（1）准备工作　在开始热试车前，需要确保所有的安全措施到位，所有的仪表和设备按照设计要求安装完毕并经过了冷试车的验证。

（2）系统加热　通常通过输入蒸汽或其他热介质，对整个系统进行缓慢加热，根据工艺要求逐渐提升至目标温度。

（3）参数监控　在加热过程中，密切监控装置内部的压力、温度、流量等参数，确认它们是否处于允许的范围内，并检查是否有泄漏点。

（4）功能检查　验证调节阀、安全阀以及操作系统等关键设备在热态下的功能和动作，确保自动控制系统按照预定逻辑正确响应。

（5）系统稳定性评估　系统达到设计温度后，维持稳态运行，评估设备的热稳定性，包括对材料的耐热性、设备的承压能力等。

（6）记录与分析　在整个热试车流程中记录所有重要数据，对任何异常情况都要进行记录分析，这些数据将用于评估设备的性能并指导后续的调整。

（7）后续处理　热试车结束后，根据测试结果进行必要的调整优化，为后续投料试车做好准备。

4.投料试车

投料试车是化工装置从建设或维修阶段过渡到运行阶段的关键步骤，以下是其操作步骤的简要概述：

（1）准备工作

① 确保热试车已顺利完成，所有设备和控制系统均在设计工况下运行正常。

② 完成所有必要的安全检查，特别是那些涉及化学物质处理和潜在危险的环节。

③ 对操作人员进行具体化学物质的安全和操作培训。

（2）系统准备

① 对所有的反应器、管道、泵等进行彻底清洁，确保它们符合接收原始化学品的标准。

② 对系统再次进行压力和泄漏测试。

③ 确认所需的原材料和催化剂等供应充足，并符合工艺要求。

（3）投料准备

① 确定所有进料点，并逐步引入原料，初期可能以小批量或低流率投入。

② 对初次投料进行监控，确保原材料正确输送到预定位置。

（4）逐步升温和升压　根据工艺需要，缓慢升温和升压到工艺参数，同时确保所有安全阀和泄压装置工作正常。

（5）系统监控和调整

① 紧密监控过程参数（如温度、压力、流量、物料组成等），根据需求进行适当调整。

② 对控制系统的反馈进行监控，确保其在自动模式下运行正常。

（6）产品质量检测

① 取样并分析产品以确定是否达到预定的质量标准。

② 根据产品测试结果进一步调整工艺参数。

（7）稳定运行

① 在调整到最佳工艺条件后，保持装置在稳定状态下运行一段时间。

② 仔细记录装置运行所有相关数据，包括原材料消耗、产品产量和质量、设备效率等。

（8）问题识别与解决

① 若在过程中发现问题，立即进行诊断并采取改正措施。

② 确保有有效的应急预案处理潜在的运行异常情况。

（9）评估与优化

① 对初次试车的操作过程、产品质量、设备性能等进行全面评估。

② 识别需要优化的工艺参数或设备改进点，并逐步优化改进。

（10）正式生产　确认所有系统和工艺参数均已满足设计标准，且产品质量合格后，化工装置可以转入正常生产状态。

课后思考与探究

1. 化工装置试车的目的是什么？
2. 化工装置试车主要调试哪些内容？
3. 写出离心泵单机试车的步骤。
4. 干联运、水联运、油联运之间的差异是什么？检查的侧重点分别是什么？
5. 简述预试车、冷试车、热试车和投料试车的内容和目的。

学习情境三
装置开车运行

生产班组协同作业，按照装置工艺技术规程、岗位操作法、标准操作程序等文件的指令，将装置安全、平稳地启动，调节各参数达到正常范围。在运行中通过 DCS 和现场巡检监控整个装置的运行状态，及时发现异常并正确处置。

学习目标：

● 知晓化工装置操作班长、内操员和外操员的岗位职责，能协作完成装置运行各项任务，正确交接班。

● 能根据相关文件指令进行开车操作，并调节工艺参数至正常范围。

● 能在装置运行过程中进行巡回检查，发现异常正确处置，发现事故正确进行应急处置。

任务一 装置开车与调节

任务描述

经过了开车前的各项准备工作，化工装置班组需在工艺卡片、工艺技术规程的指导下，根据岗位操作法进行装置开车操作，调节各参数至工艺要求范围，使装置达到稳定运行状态。

任务目标

1. 能复述典型化工装置开车过程并进行开车操作。
2. 能理解正常生产操作条件，分析工艺过程影响因素。
3. 能进行生产操作调节，能对开车期间的参数偏离进行干预和调整。
4. 开车过程中具备安全第一、认真负责、精益求精的工作态度。

基础知识

一、化工装置开车概述

装置开车

"开车"是化工行业的俗语，指化工厂生产装置投料正式生产的过程。化工装置开车一般分为原始开车和正常开车。原始开车是指装置建好以后第一次投料运行，开车生产。化工装置开始生产后，开车分为短期停车后的开车（热态）和长期停车后的开车（冷态）。正常开车是指短期停车后的开车操作，属于热态开车；长期停车后的开车操作则类似于原始冷态开车操作。操作人员必须熟知装置的状态，确定是热态还是冷态，并以正确的步骤进行开车。

正常开车与原始开车相比程序要简单一些，有些程序可能要省略。例如，精馏装置的釜液液位已经在 1/3 ～ 2/3 位置；又如，固定床反应装置不需要进行催化剂装填，而且已有的催化剂已经处于活性状态不需要进行活化；有的短期停车的固定床反应器也不需要暖炉。有些情况正常开车和原始开车一样复杂，例如批量间歇生产的反应釜，每一次停车后釜内基本清空，其正常开车程序同原始开车程序基本相同。

在化工行业中，想要一次开车成功，必须对生产装置有极强的掌控能力。化工装置开车要求非常高，一旦出现闪失，不仅会造成经济损失，而且可能引发事故。以甲醇装置来说，正常运行时，需要压缩、转化、合成、精馏、储运 5 个工序协同作战。开车时哪怕是出现"一毫米"偏差，也会导致整个化工厂无法运转。

二、化工装置开车指导文件

化工装置开车指导文件主要有工艺卡片、工艺技术规程和岗位操作法。它们是为确保产品质量、提高生产效率、保障工人安全等所制定的一系列指标、规范和标准。

在化工装置开车、运行、停车等生产过程中，操作人员必须熟悉工艺卡片和工艺技术规程，严格遵守岗位操作法，以保证产品质量和生产安全。

1. 工艺卡片

化工装置工艺卡片通常包括产品质量指标、主要操作工艺指标、动力工艺指标、安全环保指标等，如表 3-1 所示。化工工艺卡片的目的是保证化工生产过程的安全、稳定、高质量和环保。它是化工企业管理生产活动的重要依据。

表 3-1　某装置工艺卡片（部分）

名称	项目	单位	指标
产品质量指标	分馏粗汽油		
	干点	℃	195~205
	稳定汽油		
	饱和蒸气压（夏）	kPa（RVP）	50~65
	饱和蒸气压（冬）	kPa（RVP）	72~84
	精制液化气		
	C_2 含量	%（体积分数）	≤ 1.5
	总硫含量	mg/m³	≤ 343
主要操作指标	反应再生		
	烟气 O_2 含量	%	≥ 3
	反应温度	℃	500~515
	再生器压力	MPa	0.17~0.19
	再生催化剂定碳	%	≤ 0.1
	分馏系统		
	分馏塔顶温度	℃	100~115
	分馏塔底温度	℃	330~350
	产品精制系统		
	汽油脱硫醇氧化风量	m³/h	50±5
	余热锅炉系统		
	过热蒸汽出过热段温度	℃	208~240
	装置自产蒸汽压力	MPa	1.0~1.4
动力工艺指标	循环水上水温度	℃	≤ 30
	循环水压力	MPa	≥ 0.35
	蒸汽温度	℃	290~320
	蒸汽压力	MPa	0.95~1.05
	净化风压力	MPa	0.60~0.70
	氮气压力	MPa	≥ 0.50

续表

名称	项目	单位	指标
安全环保指标	外送含油污水含油量	mg/L	≤ 150
	余热锅炉烟气 SO_2 含量	mg/m³	≤ 850
	烟气粉尘含量	mg/m³（标况下）	≤ 120

2. 工艺技术规程

化工装置工艺技术规程通常包括装置概况，工艺过程说明及流程图，主要工艺指标和技术经济指标，原料、辅助材料及产品性质，主要设备信息，报警及联锁一览表，工艺过程控制方案，安全环保职业健康规定等。工艺技术规程有助于保证生产过程的稳定性和一致性，最终达到产品质量的稳定和提高。

（1）装置概况　包括装置简介、工艺原理、技术特点。

（2）工艺过程说明及流程图　包括工艺过程说明、工艺原则流程图、控制流程图。

（3）主要工艺指标和技术经济指标　包括装置物料平衡、工艺控制指标、主要技术经济指标及装置能耗、物耗、公用工程指标。

（4）原料、辅助材料及产品性质　包括主要原料性质、主要辅助材料性质、产品及中间产品性质。

（5）主要设备信息　包括设备型号规格、用途、主要设计参数。

（6）报警及联锁一览表　包括工艺参数报警值一览表、工艺联锁一览表、设备联锁一览表。

（7）工艺过程控制方案　包括工艺过程控制方案、主要仪表性能、复杂回路的仪表控制方案。

（8）安全环保职业健康规定　包括装置主要危险品及"三废"情况、环境保护要求和清洁生产要求、安全环保职业健康管理规定及要求、装置开停工安全环保职业健康操作要求。

3. 岗位操作法

（1）岗位操作法的定义和作用　岗位操作法是一种规范工作流程、提高工作效率的管理工具，它主要有以下几个作用：

规范操作	• 制定明确、具体的操作步骤，确保每个员工按照规定方式进行工作，减少因个人理解和操作不同而引发的问题。
提高效率	• 清晰的操作步骤有助于提高工作效率，减少无效工作和重复劳动，让员工更专注于自己的岗位职责。
保证质量	• 标准化的操作步骤，可以保证产品质量稳定。
培训新员工	• 可以作为新员工的培训材料，使新员工更快地熟悉工作流程和要求。
追溯责任	• 出现问题时，可以通过岗位操作法找出责任所在，及时调整和优化工作流程。
降低风险	• 规范化的操作可以预防或减少工作中的安全隐患，保护员工的人身安全。

（2）岗位操作法的主要内容（以某公司催化裂化装置岗位操作法的部分内容为例）

① 装置操作任务（以分离工序为例）

a. 根据装置处理量和反应深度来调整操作，保证粗汽油的终馏点，轻柴油的凝固点等各种产品质量合格，尽可能多地回收系统的余热以降低装置的能耗。

b. 掌握好全塔热平衡和物料平衡，重点要选择好适宜的顶循环回流、一中段循环回流、油浆循环回流的取热比例，注意全塔压降、防止各回流泵抽空，防止塔盘干板、漏液或雾沫夹带，保证组分的有效分离。

c. 掌握好分馏塔和塔顶油气分离器液面，做到不液封、不憋压，确保安全生产。

d. 吸收-稳定系统包括吸收解吸、汽油稳定和汽油碱洗三个部分。吸收稳定系统的任务是把从分馏系统分出的富气和粗汽油，进一步分离为干气、液化气和稳定汽油等合格产品。要求如下：

★ 干气主要是 $C_1 \sim C_2$ 组分，$C_3 \leqslant 3\%$（体积分数，下同）。

★ 液化气是 $C_3 \sim C_4$ 组分，$C_2 \leqslant 2\%$，$C_5 \leqslant 1\%$。

★ 尽可能少出甚至不出气态烃。

② 岗位分管操作范围

● 班长

★ 负责协调指挥装置中各岗位的操作，按工艺操作指标及质量指标控制要求组织生产，严格执行汇报制度，对产品出口质量负责，完成车间下达的生产任务，进行班组经济核算。负责本班组安全、质量、效益、纪律和精神文明建设。

★ 负责当班装置生产运行控制、产品质量调节、日常设备维护使用和现场管理。

★ 协调本装置和有关单位（部门）的工作联系。指挥各岗位进行大型机组和机泵的开停、切换、润滑油置换等需要多人操作的工作。

★ 对装置设备维护保养和现场清洁卫生负管理责任，监督各岗位按区域进行岗位交班，做到班班清，组织开好班组班前会、班后会，认真书写交接班本。

★ 正确指挥班组成员进行装置异常处置和事故应急处理。

★ 在班组开展操作技术、HSE 知识、QC 等相关培训和有关活动。

● 内操

★ 负责控制装置系统压力平衡、物料平衡和热量平衡，使装置正常运行。控制压力、温度适应生产要求；控制水、汽、风符合正常运行要求。严格执行工艺规程、操作法、工艺卡片，控制好出装置产品质量，认真做好记录，完成生产指示，正确处理突发事故。

★ 负责装置开停车操作、日常操作运行、日常设备维护和事故处理。

★ 负责 DCS 和 ESD（静电放电）操作，及时检查发现本岗位系统工艺参数变化，和外操保持联系，及时调节并指挥外操现场调节，保证工艺过程受控。

★ 服从班长和车间管理人员指挥，积极主动配合相关岗位操作。

★ 负责完成本岗位操作记录、质量记录，负责书写本岗位交接班本。

● 外操

> ★ 在内操指挥下，负责现场开停车操作、日常操作运行与调节。
>
> ★ 检查系统压力、温度是否满足生产要求；检查现场操作水、汽、风等是否符合正常运行要求。
>
> ★ 严格执行工艺规程、操作法、工艺卡片，认真做好各类记录，正确处理突发事故。
>
> ★ 按要求在现场巡检挂牌，按时填写巡检记录，及时检查发现本岗位系统工艺参数变化，确保现场安全，做好现场管理工作。
>
> ★ 服从内操或班长工作指挥，按指令进行现场工艺调节操作（流程切换、采样、监护等），和内操保持联系，密切配合，保证本岗位工艺过程受控，安全生产。
>
> ★ 负责本岗位系统设备（阀门、机泵等）日常检查与维护。
>
> ★ 负责本区域现场清洁卫生，做好班前预检和班后交班，做到班班清。
>
> ★ 服从班长安排协助本装置其他外操进行辅助操作。

③ 质量与工艺参数控制（以粗汽油为例）

粗汽油质量控制与调节方法

控制目标：粗汽油终馏点 191~203℃（实际以生产调度制定的产品方案为准）。

相关参数：顶循环回流液流量 FC203，顶循环回流液温度 TD212，冷回流液流量 FC202，一中段温度。

控制方式：一般控制温度、流量稳定，主要通过改顶循环回流的返塔温度和回流流量来控制粗汽油终馏点。

影响因素	调节方法
分馏塔顶温度变化	温度下降，终馏点下降，调节顶回流的返塔温度，返塔温度降低，终馏点降低
顶循环回流液流量变化	流量增加，终馏点下降，在温度调节余地较小的情况下，适当改变顶回流流量
冷回流液流量变化	流量增加，终馏点下降，调节冷回流液流量（要注意反应压力的变化）
一中段温度变化	温度下降，终馏点下降，当汽油终馏点高，而50%、90%回收温度较低时，可适当降低富吸油量

④ 工艺联锁和报警管理

联锁系统的组成及逻辑关系见表 3-2。

表 3-2 联锁系统的组成及逻辑关系

序号	联锁编号	联锁名称	仪表位号	回路名称	联锁条件	单位	实现联锁方式
1	I-0251	反应进料保护	TD101B TD102B TD103B	反应温度高温报警	>565	℃	三取二
			TD101B TD102B TD103B	反应温度低温报警	<460	℃	三取二
2	I-0252	主风流量保护	FT107B FT107C FT107D	主风流量低报警	<48	kNm³/h	三取二

⑤ 装置开停车方案（以开车为例）

开车操作步骤

点小炉子两器升温，分馏系统进油循环，稳定建立三塔循环，脱硫及废水水联运，脱硝吹扫。

a. 反再部分。

班 / 内 / 外——引管网或 1# 气分装置的煤气经 V114 至 F101 放空至火炬，煤气采样分析氧含量连续三次 ≤ 1%（体积分数）。联系电工给电打火器送电，并试验电打火器保证随时可用。

班 / 内 / 外——点小炉子，烘两器、外取热器衬里，按照升温曲线升温。

班 / 内——升温过程中，每隔半小时活动一次塞阀，单动滑阀，双动滑阀，行程为 20% 左右，随时观察待生立管的膨胀情况。

班 / 外——当沉降器、再生器温度达指标时，按要求恒温。

班 / 内 / 外——主风机、增压机运转正常。

班 / 内 / 外——根据再生温度开烟机（一般预设开机时烟机进口温度为 320℃）。

b. 分馏部分。

技 / 班 / 内——联系油品装置，做好原料油供应准备，渣油泵抽蜡油循环做好准备。

班 / 内 / 外——检查分馏塔（T201）器壁管线阀门是否关严，以防油气窜入塔内。

班 / 内 / 外——回炼油罐（V202）挥发线与 T201 连通阀关闭后，打开 V202 顶放空阀（放空点在 E213/2 处），并用蒸汽吹扫，使之畅通。进油后需有专人看护，严防跑油。控制回炼油罐液面不超过 50%。

班 / 内 / 外——联系泵修组与电气装置，做好各泵的启用准备。

班 / 内 / 外——原料油线，开工循环线，用蒸汽扫通。

班 / 内 / 外——联系 15# 罐区及调度收轻柴油至 V204，并建立封油循环，加强封油切水。

---

⑥ 异常现象处理

反应温度大幅度波动

原因：

a. 原料油带水，造成反应温度急剧下降。

b. 原料蜡油，减渣、常渣及回炼油流量控制仪表失灵，或进料泵抽空，进入非稳定区工作，机械故障等，使总进料发生大幅度波动，或顶循环、油浆循环发生大幅度波动而使预热温度大幅度变化，造成反应温度大幅度波动。

c. 由于塞阀、滑阀控制失灵或两器差压波动等，影响催化剂循环量大幅度变化。

d. 再生器床层温度大幅度变化。

处理方法：

a. 首先查明原因。采取相应措施进行处理。若反应温度过高，应调节原料预热温度和催化剂循环量。如调节无余地，而反应温度仍超过 540℃，这时可启用降温汽油，防止超温。

---

b. 若反应温度低，除调节相应原料预热温度之外，必要时调节进料量。但要保证反应温度不低于 460℃，以防催化剂带油，造成再生器负荷增加，甚至再生器烟囱冒黄烟，并影响烟气透平运转。

c. 消除引起再生器温度大幅度波动的因素。

d. 若反应温度低于 460℃，按反应再生自保系统使用方法进行处理。

⑦ 装置事故处理预案

厂区1.0MPa低压蒸汽管网故障时，各岗位紧急处理

a. 事故现象：

内／外——1.0MPa 低压蒸汽压力下降；

内／外——抽气器真空下降，密封差压指示下降，润滑油压力下降，烟气从轴封处漏出。

b. 事故原因：低压蒸汽管网故障。

c. 事故处理主要步骤：

班／外——蒸汽平衡情况，可切断 S101 上 1.0MPa 蒸汽进装置阀。

班／内／外——减少气压机组蒸汽透平用气，同时启用减温减压器，将 3.9MPa 蒸汽减压并入装置 1.0MPa 蒸汽管网。

班／内／外——减少直至停用可以少用或停用的蒸汽（如 V101/1、2 抽气器等）。

班／内／外——密切注意两器操作，防止二次燃烧发生，以避免使用稀相喷水喷汽。

班／内／外——如烟机入口温度＞700℃，则关小烟气入口阀；润滑油过滤器出口压力＜0.3MPa（G），电动油泵应自启动。烟气漏损大，关小烟气入口阀，增加密封空气压力，必要时也可打开中压蒸汽阀，经减温减压器后来补充低压蒸汽。蒸汽完全停止，烟机在正常允许的条件下无法运行，则关闭烟机入口阀，再生压力由旁路蝶阀和双动滑阀来控制。

班／内——联系调度。

⑧ 安全、环保要求

a. 安全注意事项。

（a）操作人员必须认真执行工艺纪律和《工艺技术规程》，一切操作方法必须按《工艺技术规程》和《岗位操作法》规定，不得任意变更。

（b）操作人员必须坚守岗位，认真操作，精心调节，操作上必须掌握如下安全原则。

ⅰ. 在任何情况下，要保证反应再生系统的催化剂藏量不得相互压空，以防油气和空气混合发生爆炸，必要时应关闭反应再生系统的各单动滑阀，切断反应进料。

ⅱ. 一旦停主风，必须立即切断进料，停喷燃料油。

ⅲ. 在进料情况下，提升管出口温度不能低于自保低限，否则立即切断进料，以防止原料油随催化剂大量进入再生器。

（c）操作人员必须认真贯彻执行以"岗位责任制"为中心的各项规章制度。

（d）停工时，各容器、塔器内，必须先进行采样分析，待容器内烃与氧的浓度符合劳动保护和安全条例要求，办理《进入受限空间作业许可证》后，方可进入容器、塔内作业。

b. 环保注意事项及污染物控制要求

（a）反应系统的主要污染源为废气和粉尘。

（b）废气主要为 SO_x、NO_x 及 CO 等，SO_x 和 NO_x 的排放量主要是由原料性质决定的，反应中应尽可能让 CO 完全燃烧，减少 CO 排放量。

（c）不得任意向大气排放旋风分离器回收下来的催化剂粉尘，催化剂细粉送至催化剂罐回收贮藏，由环保部门统一处理。

（d）燃料油罐脱水排出的废水，内含硫化物等多种污染物，禁止随意排放，应排入含油污水管道，由公司废水处理部门统一处理。

（e）装置污水排放标准：含油污水含油量 $\leq$ 100mg/L，$6 < pH < 9$；非含油污水含油量 $\leq$ 10mg/L。

三、化工生产操作条件

化学生产过程中的操作条件即化工生产工艺参数，其主要包括温度、压力、流量、液位及物料配比等。这些参数影响化工生产过程运行状态，也常作为生产过程的主要控制指标。

1. 反应温度控制

温度是化工生产的主要控制参数之一。化学反应多伴随热效应，放出或吸收一定热量，各种化学反应有其适宜的温度范围，为使反应在一定温度下进行，必须在反应系统中加入或移除一定的热量，正确控制反应温度，选择合适的传热介质和适宜的传热方式，方可保证产品的质量，保障化工安全生产。

反应过程中：
① 升温过快、温度过高或冷却设施发生故障，可能会引起剧烈反应，乃至冲料或爆炸。
② 装置超温，反应物有可能分解起火，进而造成装置内部压力升高，甚至导致爆炸。
③ 温度过高有可能产生副反应，降低生产效率，或生成危险的副产物带来安全隐患。
④ 温度过低可能造成反应速度减慢或停滞，当温度突然恢复正常，可能因为未反应物料聚集过多而使反应加剧，引起爆炸。
⑤ 温度过低，可能使某些物料冻结，造成管道堵塞或破裂，若易燃或有毒有害物料泄漏，极易引发各类生产事故。

 安全广播

🏷️温度控制案例

乙烯氧化制环氧乙烷是一个典型的放热反应。环氧乙烷沸点低（10.7℃），爆炸范围极宽（3%～100%），没有氧气存在也能发生分解爆炸。此外，杂质存在易引起自聚并放出热量，使温度升高，遇水进行水合反应，也放出热量。如果反应热不及时导出，温度过高会使乙烯完全燃烧而放出更多热量，使温度急剧升高，导致爆炸。因此，该反应在高温下是很危险的，必须通过夹套冷却或者加入其他介质带走反应热量。

🏷️传热介质使用安全

传热介质在使用过程中处于高温状态，安全问题十分重要。高温传热介质，如联苯混合物（73.5%联苯醚和26.5%联苯）在使用过程中要防止低沸点液体（如水或其他液体）进入，低沸点液体进入高温系统，会立即汽化超压而引起爆炸。传热介质运行系统不得有死角，以免容器试压时积存水或其他低沸点液体。传热介质运行系统在水压试验后，一定要有可靠的脱水措施，在运行前应进行干燥吹扫处理。

2. 反应压力控制

压力是化工生产的基本参数之一。在化工生产中，有很多反应需要在一定压力下才能进行，或者需要用加压的方法来加快反应速度，提高反应效率。因此，加压操作在化工生产中普遍采用，加压条件下所使用的塔、釜、器、罐等大部分是压力容器。

为了确保安全生产，不因压力失控造成事故，要求受压系统中的所有设备、管道必须符合设计要求，保证其耐压强度、气密性；必须装设灵敏、准确、可靠的测量压力的仪表——压力表；还必须有安全阀等泄压设备。同时，要按照设计压力或最高工作压力以及有关规定，正确选用、安装和使用压力表，压力表在生产运行期间需保持完好。

在化工厂，超压也是造成火灾爆炸事故的重要原因之一。例如，加压能够强化可燃物料的化学活性，扩大爆炸极限范围；久受高压作用的设备容易脱碳、变形、渗漏，从而破裂和爆炸；处于高压的可燃气体介质可能从设备、系统连接薄弱处（如焊接处或法兰、螺栓、丝扣连接处）泄漏，还会由于急剧喷出产生静电而导致火灾爆炸等。反之，压力过低，也会使设备变形。在负压操作系统中，空气容易从外部渗入，与设备、系统内的可燃物料混合而导致燃烧、爆炸。

3. 投料控制

（1）投料速度控制　　对于放热反应，投料速度不能超过设备的传热能力，否则物料温度将会急剧升高，引起物料的分解、突沸，造成事故。投料时如果温度过低，往往造成物料的积累、过量，温度一旦适宜反应加剧，热量不能及时导出，温度和压力都会超过正常指标，导致事故。

（2）投料配比　　反应物料的配比要严格控制，影响配比的因素都要准确分析和计量。例如，反应物料的浓度、含量、流量、重量等。对连续化程度较高、危险性较大的生产，开车时要特别注意投料的配比。催化剂对化学反应的速度影响很大，如果配料失误，多加催化剂，就可能发生危险。可燃物与氧化剂进行的反应，要严格控制氧化剂的投料量。在某一比例下能形成爆炸性混合物的物料，生产时其投料量应尽量控制在爆炸范围之外，如果工艺条件允许，可以添加水、水蒸气或惰性气体进行稀释保护。

（3）投料顺序　　在涉及危险品的生产中，必须按照一定的顺序进行投料。例如，氯化氢的合成，应先向合成塔通入氢气，然后通入氯气；生产三氯化磷，应先投磷，后投氯，否则可能发生爆炸。又如，用 2,4-二氯酚和对硝基氯苯加碱生产除草醚，3 种原料必须同时加入反应罐，在 190℃ 下进行缩合反应。如果忘加对硝基氯苯，只加 2,4-二氯酚和碱，结果生成二氯酚钠盐，在 240℃ 下能分解爆炸。如果只加对硝基氯苯与碱反应，则能生成对硝基氯酚钠盐，在 200℃ 下也会分解爆炸。为了防止误操作，造成颠倒程序投料，可将进料阀门进行联锁动作。

（4）原料纯度　　反应物料中危险杂质的增加可能会导致副反应或过反应，引发燃烧或爆炸事故。对于化工原料和产品，纯度和成分是质量要求的重要指标。

（5）投料量　　化工反应设备或贮罐都有一定的安全容积，带有搅拌器的反应设备要考虑搅拌开动时的液面升高；贮罐、气瓶要考虑温度升高后液面或压力的升高。若投料过多，超过安全容积系数，往往会引起溢料或超压。投料过少，也可能发生事故。投料量过少，可能使温度计接触不到液面，导致温度出现假象，由于判断错误而发生事故。

安全广播

🏷 **投料配比**

在环氧乙烷生产中，乙烯和氧混合进行反应，其配比临近爆炸极限，为保证安全，应经常分析气体含量，严格控制配比，并尽量减少开停车次数。

🏷 **原料纯度**

乙炔和氯化氢合成氯乙烯，氯化氢中游离氯不允许超过 0.005%，因为过量的游离氯与乙炔反应生成四氯乙烷会立即起火爆炸。乙炔生产中，电石中含磷量不得超过 0.08%。因为磷在电石中主要以磷化钙的形式存在，磷化钙遇水生成磷化氢，遇空气燃烧，导致乙炔和空气混合物的爆炸。

加油站

什么是"倒开车"？

"倒开车"是指在主体生产装置或主要工序投料之前，用外供物料（或近似物料、代用料）前期把下游装置或后工序先行开车打通流程的做法，待主装置或主要工序投料时，上游中间产物进来后即可连续生产。

实行"倒开车"必须具备的两个基本条件：一是后续装置的设备安装进度必须提前，以使其有足够的时间和关键工序交叉或平行作业；二是要有外供的物料供给系统和该工序产出物料的贮运处理系统。

倒开车的好处：

① 可以把总体开车流程中处于关键线路上的许多工序调整到非关键线路上来，从而有效地缩短了总体试车时间。

② 可以把新装置本身存在的大部分缺陷在化工投料之前充分暴露，并加以解决。

③ 可以为操作人员提供一个比较理想的"准开车"实践机会。由于这种操作是处于非关键线路上，对于原来十分紧张的化工投料操作过程实行化整为零、化繁为简的调整，大大减轻了操作人员的心理压力，特别是对于首次进入实战状态的新员工，有利于其将理论知识转化为实践经验，增强他们操作控制能力和紧急应变的能力。

④ 大大缩短了由化工投料开始到产出合格产品所需的时间，减少了化工投料阶段主要原料、燃料的消耗，因而可以取得显著的经济效益。

拓展知识　化工企业报警管理

现代化工企业中，报警是十分重要的安全防护环节之一。装置开车过程中，由于参数波动较大，短时间内会有大量的报警涌入，需要合理设置报警系统，人员正确应对，以达到最佳的报警目的。

1. 什么是报警

国际自动化协会发布标准 ANSI/ISA-18.2—2016《过程工业中的报警系统管理》，将报警定义为：将设备功能异常、工艺偏差或者非正常状态，采用声／光的措施告知操作员，并要求其及时作出响应。

2. 报警系统典型问题

报警系统存在的典型问题包括：

（1）缺乏整体的报警管理体系与策略，设计之初对报警的意图没有很好的定义和分类；

（2）在技术层面上存在报警设置随意的现象，造成报警泛滥、报警系统可靠性差，导致误报警频繁发生，没有考虑人机工程学原理及忽视操作人员的响应能力；

（3）对报警系统没有有效的管理体系，如随意屏蔽报警或修改报警设定限、对报警响应不及时、疏于维护管理等。

事故警示

2023 年 8 月 23 日，行政执法部门在对某化工公司进行例行检查时，发现了两大安全隐患：1. 毒气警报缺失。氯乙烯深度脱水装置区未按照《石油化工可燃气体和有毒气体检测报警设计标准（GB/T 50493—2019）》要求设置有毒气体报警器；2. 联锁系统失效。氯乙烯、乙炔气柜高低限位联锁于 2023 年 3 月 8 日被申请摘除后，在检修结束后仍未恢复投用。针对上述两项严重违规，行政执法部门依据《中华人民共和国安全生产法》第九十九条，分别对每项违法行为处以 2 万元罚款，并依据《安全生产违法行为行政处罚办法》第五十三条，合并罚款总额为 4 万元。同时，下达《责令限期整改指令书》，要求企业立即整改，确保生产安全。

2024 年 4 月 19 日凌晨 0 时 55 分许，该公司煤储运车间一名作业人员在进入管道井关闭阀门时晕倒，初步分析为硫化氢中毒。此事故中虽未明确提及报警系统异常，但暴露出企业在受限空间作业时，未严格落实有毒有害气体检测报警器等防护器材的配备和使用要求，导致事故发生。

3. 报警系统的设计

操作人员的心理反应和行为能力的生理限制，是报警系统设计和管理的关键考量。

首先，报警声光信号应该易于区分，要考虑色盲等因素的影响。

其次，报警的含义清晰明确，无需操作员作过多的复杂思考判断，清楚明确地表达操作规程，例如当报警 A 产生并满足状态 B 时，操作人员被授权并要求执行动作 C。

另外，还需给操作员留出足够的时间作恰当响应。特别要考虑，当报警信号大量涌入并处在精神高度紧张状态时，操作员判断和操作能力将大大降低，甚至会出现误判。

若化工企业在大型附操台上，密集安装了多个类似工艺单元（如多个裂解炉）的报警指示灯和操作按钮开关时，要用颜色醒目区分，避免工作人员的误操作。

报警系统本身的性能表现也是造成操作人员承受精神压力过大的影响因素之一，尽可能减少误报警的出现。

在报警代表的危险状态解除前，报警持续存在，不能被人为消除。

操作员应进行过专门的培训，且有清晰明了的书面操作规程供员工参阅。

报警管理是一个持续改进的过程。对报警系统的性能化水平要进行周期性审查，并对发现的问题及时跟踪改进。

任务指导

装置开车一般需经历以下步骤：

（1）技术资料学习 每个操作人员都需要熟悉自己负责区域的工艺卡片和岗位操作法。熟知工艺流程、工艺要求、重要控制点、操作步骤和可能的操作风险等。

（2）班组准备就绪 各班组成员确认彼此的任务分工，确认已了解各自责任和操作步骤。

（3）安全检查 重复进行安全检查，确保所有安全设施正常，紧急系统可用。

（4）联合会议 各班组负责人进行联合会议，讨论开车具体步骤，确认沟通协调机制和各个班组之间的工作接口。

（5）通知上级 通知管理人员或上级工程师开车准备完毕，请求最终审批。

（6）设备启动 各操作员根据预定顺序启动设备，如泵、压缩机、搅拌器等。

（7）物料投入 逐步按照操作规程投入反应原料或介质，控制供料速度和量。

（8）升温升压 逐渐升高温度和压力至设定值，同时监测设备参数，确保在安全和可控制的范围内。

（9）稳态运行 维持设备在稳定的工作状态，根据工艺需求可能需要一段时间让系统达到稳态。

（10）参数调整 紧密监控所有工艺参数，如温度、压力、流量等，并进行必要的调整。

（11）问题处理 如遇异常，立即采取行动，包括调整控制参数或启动紧急程序。

（12）过程记录 记录各关键点的数据和设备运行情况，便于跟踪和历史对比。

（13）样品分析 取样并分析产品质量，确保产品达到规定的生产标准。

（14）班组交接 记录并交接给下一班操作人员，包括当前操作状态、注意事项和待处理问题。

在整个过程中，班组成员之间的沟通至关重要，任何操作前都需确认信号和操作指令清晰，以避免误操作带来的风险。

课后思考与探究

1. 原始开车的操作程序包括哪些？

2. 简述化工装置操作班长、内操员和外操员的岗位职责。

3. 简述在装置开车调节中内外操配合的重要性。

4. 简述岗位操作法和工艺技术规程的区别。

5. 对实训装置中教师指定的几个非稳态控制回路的后台参数（如：PID）进行优化调节，最终满足上下游稳态控制需求。

装置运行

任务二　装置巡检

任务描述

　　装置巡检是化工操作员一项重要的日常工作，根据装置巡检路线和检查标准，运用巡检工具，定时检查动静设备、管道、阀门、仪表等运行状态，确保及时发现异常工况和安全隐患。

任务目标

1. 能说出巡检的目的与意义。
2. 能列举常用巡检设备并简述其用途和使用方法。
3. 能概括动、静设备巡检的主要内容。
4. 能按要求进行巡检，并记录工艺及设备运行数据。
5. 能根据异常情况进行初步故障判断。
6. 在生产岗位上具备责任意识，认真履行岗位职责。

基础知识

一、巡检的定义与目的

　　化工装置巡检是指操作人员定期或不定期按照既定程序在化工生产现场进行的巡视和检查。巡检的目的是通过观察、记录和分析装置的运行状态、仪表指示、工艺参数及设备的异常情况，及时发现和处理问题，确保设备的安全稳定运行，并实现生产过程的连续性和生产安全。巡检工作是化工生产现场管理和安全运行的重要组成部分。

二、巡检的一般方法

　　在化工装置巡检中常采用"看、听、闻、测、记"五字巡检法，是通过巡检人员的眼（看）、耳（听）、鼻（闻）、嘴（问）、手（摸）及巡检工具，对运行设备的形状、位置、颜色、气味、声音、温度、振动等进行全面检查，同时对温度、压力、流量、液位、电流等参数进行全方位监控。通过检查比较，及时发现异常，并做出正确判断后进行处理。

　　备注："嘴"在巡检中的作用主要是通过询问来获取设备运行的相关信息，并记录下来。可将其理解为"在化工装置巡检中常用'看、听、闻、测、记'五字巡检法"中的"记"。

三、巡检工具

　　巡检工具分一般巡检工具、专用巡检工具和智能巡检工具三类。通常情况下，操作员携带一般巡检工具进行巡检，初步判断异常后，使用专用巡检工具进一步检查，如果仍显示异常，再报至设备部门，由设备专技人员进行深度检查及后续处理。

1. 一般巡检工具

一般巡检工具包括巡检包、对讲机、气体检测仪、测温仪、测振仪、听音棒、F扳手、活络扳手等，如图3-1所示。

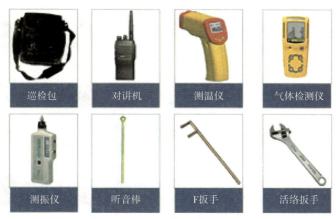

图3-1　一般巡检工具

2. 专用巡检工具

常用专用巡检工具有红外热像仪、超声波振幅测量仪、声波成像仪、超声波检测仪等。

红外热像仪：通过对检查对象的红外辐射探测和信号转换，将探测到的热量进行精确量化，操作人员通过屏幕上显示的图像色彩和热点追踪显示功能来初步判断发热情况和故障部位。例如判断液位是否正常，换热器壳程是否有不凝气体，折流板是否有穿透，是否有泄漏等。

超声波振幅测量仪：是一种专门用于超声波振幅测量的设备，可用于测量超声波换能器、超声波变幅杆和工具头的输出振幅。

声波成像仪：气体泄漏点会形成涡流，进而会产生声波或超声波在空气中进行传播，而声波成像仪便是通过将声音可视化成像，帮助现场人员发现原本人眼不可见、人耳也有可能听不到的气体泄漏现象，预防事故的发生，并降低能源损耗。

超声波检测仪：气体通过泄漏孔产生涡流，会有超声波的波段部分，使得超声波检测仪能够感应任何种类的气体泄漏。超声波检测仪可检查设备、管道、压缩机、发动机密封等是否有泄漏，及时发现隐患。

3.智能巡检工具

智能巡检工具的应用，使巡检人员摆脱了依赖手工记录的检查方式，转向使用智能手持移动设备来完成巡检工作。

如图 3-2 所示，手持智能巡检仪具有路线安排、数据记录、工作状态监督、数据汇总报告等功能。工作人员可通过手持终端实现巡检工作，同时进行工作信息的记录与上传，管理者则可以通过后台管理系统及时获取巡检信息，监督工作状态等。

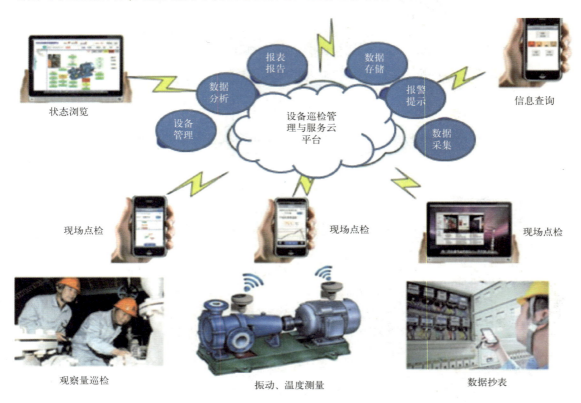

图3-2　智能巡检

每一个需要检测的设备上粘贴独一无二的标签，手持式智能巡检仪扫描识别设备标签，获取该设备的编号、名称、是否为重点检查设备、参数的正常范围和报警阈值等基本信息，通过智能巡检仪对设备噪声、振动、温度和危险气体浓度等参数进行探测，实时数据与正常范围对照显示，判断设备运行状况是否正常。根据巡检数据，可以对设备的运行状态进行综合评估，并预测设备的运行状态和演变趋势，为设备的管理与状态检修提供数据依据。

尽管智能巡检系统功能越来越多样化，减轻了化工操作员的工作强度，但它只是一种辅助手段，不能完全替代人工，化工操作员千万不能完全依赖智能巡检设备，在巡检中仍需要细心巡视与检查，主动思考与分析，进而作出正确判断和处置，将安全生产事故扼杀在萌芽中！

安全广播

四、巡检的主要内容

1. 静设备

静设备是指主要作用部件是静止的或者只有很少运动的机械，如各种容器（槽、罐等）、反应釜、换热器、塔器、普通干燥器、蒸发器、反应炉、电解槽、结晶设备、吸附设备、普通分离设备以及离子交换设备等。静设备巡检内容包括：

（1）外观（保温、焊缝、外形等）。

（2）连接部件是否完好，双重隔离（导淋）是否落实。

（3）相关仪表（就地仪表）的运行情况。

（4）跑、冒、滴、漏等情况。

（5）塔类设备顶部晃动幅度。

（6）安全阀、疏水器工作是否正常。

2. 动设备

动设备指主要作用部件为运动的机械，如各种粉碎机、过滤机、离心分离机、旋转窑、搅拌机、旋转干燥机以及流体输送机械等。动设备巡检内容包括：

（1）外观检查。

（2）听声音和振动有无异常。

（3）检查润滑油状态。

（4）查看轴承、电机端面温度。

（5）连接管道跑、冒、滴、漏情况。

（6）出口压力等参数。

3. 消防设施及其他

消防设施及其他巡检内容包括：

（1）消防水系统是否正常。

（2）灭火设施是否正常。

（3）紧急喷淋是否正常出水。

（4）疏散路线、安全通道、安全标志等是否正常。

（5）地面是否有不明液体或杂物。

（6）环境是否有异常气味。

装置巡检

五、巡检要求

（1）《危险化学品企业安全风险隐患排查治理导则》（应急〔2019〕78号）中规定：

① 装置操作人员现场巡检间隔不得大于2h；

② 涉及"两重点一重大"的生产、储存装置和部位的操作人员现场巡检间隔不得大于1h。

（2）巡检人员需熟悉生产工艺和生产设备的操作规程。

（3）巡检要仔细，多动手勤动脑，积累经验。

（4）巡检时，先要保护好自己，规范穿戴劳动防护用品。

（5）与内操、班长、交班或接班人员多沟通，特别是发现重大泄漏点或有毒物质等泄漏时要第一时间报告。

（6）巡检过程中常常有许多误区，如：

① 重视动设备、重要设备的巡检；忽视静设备、次要设备的巡检。

② 只对主系统巡检，忽略辅助系统巡检。

③ 对已存在的无法在线处理的漏点和隐患有麻痹心理，熟视无睹。

④ 重视巡检形式，忽视巡检质量。

⑤ 巡检中不重视自身安全。

六、巡检记录

巡检记录应及时、准确、真实。巡检记录作为企业安全生产管理的法定要求记录，应确保记录的严肃性，如记录上有任何修改，修改人应签字确认。

安全广播

巡检不是一件小事，是确保安全生产必须坚持要做好的大事！

无论是正常生产或停车期间，巡检都是不容小觑的，给装置"问诊把脉"，用心查看装置的各项参数指标，对比运行状况加以识别和评估，及时发现问题所在，避免事故的发生，是每个员工的责任。依靠各岗位人员的有序协作才能够得以安全、顺利地生产。否则，任何一个环节发生差错，都可能发生连锁反应，进而导致灾难性的后果。

七、内外操对表

内外操对表是指化工装置运行过程中内操员和外操员对某些工艺参数的 DCS 数值和现场仪表显示数值进行比对的过程。

外操在日常巡检过程中，需要对液位、压力、阀位、温度、大型机组电机电流等重要参数进行记录，并将上述数据与内操 DCS 数值进行比对，检查 DCS 系统中的显示值与现场仪表显示值是否一致。

在外操员日常巡检或内操员对某些工艺参数存在疑问时，可以通过内外操对表来确认数据是否准确。它是化工生产运行过程中很重要且常见的一种操作，是有效判断仪表故障和发现事故隐患的重要手段之一。

八、交接班

1.交接班的定义

化工厂的交接班是指在连续生产过程中，一班次的作业人员向下一班次的作业人员传递装置运行情况、生产任务完成状况、设备运行和维护信息，以及注意事项和未解决问题的过程。这是确保生产连续性和工作效率，同时避免操作失误导致安全事故的关键管理活动。

事故案例

某电化公司在处理炉内料面板结过程中电石炉发生塌料，导致高温气体和烟灰向外喷出，致使现场作业的 20 名员工不同程度烧伤，其中 4 人抢救无效死亡。

事故调查报告显示，事故主要原因包含：企业安全生产主体责任不落实，严重违反交接班管理制度，违规将两个班的工作人员同时安排去清理料面，造成作业人员数量超标等。

2. 交接班流程

（1）交班准备

① 一次全面检查。交班班组员工交班前 1h 在保证正常生产的同时，必须对本岗位设备运行、生产操作、公用工具、安全文明生产情况等进行一次全面检查。

② 做好交接记录。交班前 20min 将本班生产、卫生、工具等检查情况真实详细记录在《交接记录表》上。

（2）接班准备

① 准时到岗。接班人员应提前到达公司，按规定要求穿戴好劳动防护用品到达岗位，并进行预先检查，一般要求提前 10 ～ 15min 到岗。

② 检查签字。接班班组人员到岗后，查看交接班记录，认真听取并询问交班者介绍，进入现场对设备运行、工具用具、安全卫生等情况逐项检查，重点部位重点检查，重要生产数据一个一个交接。特别要将发现的问题、处理情况及注意事项交接清楚，接班人员对以上内容核对无误，符合交班规定的条件，向接班班长报告确认，待正点时间方可在记录表上签字。

（3）召开班前会　交班班组下班时间之前 10min，接班班长应组织全体班组成员开班前会（10min 内），布置任务并指出交接班中应注意的事项。一般包含以下过程：

① 接班班组员工在车间集合。

② 接班班长点名考勤。

③ 交班班长作交班报告。

④ 生产部门或相关管理人员作指示或简短培训。

⑤ 接班班长安排本班生产任务与交代生产注意事项。

⑥ 接班班长（或班组安全员）强调安全生产有关事项。

⑦ 接班人员无异议后，接班班长宣布同意接班，班前会结束，各岗人员到岗位签字接班。

⑧ 交接班手续完成后，由交接双方班长填写交接班记录，将交接班情况详细记录，并在记录上签字，以便查看。必要时，交接班班长还应各自召集本班人员开班前会和班后会，提出安全生产要求或进行班后总结。

（4）接班离岗

① 在接班人员未正式接班前，交班人员不得离岗，应在接班人员检查完毕正式签字接班后，交班人员方可离开岗位。

② 交班者如有故障未处理完毕，需接班人员同意方可离岗。

③ 若在规定交班时间内接班人员未能按时到岗接班，交班人不得离开岗位，但责任应由接班人员负责。一般情况由交班人员继续顶岗，直到接班人员到岗。特殊情况时，可由主管领导指定接班班长临时顶岗。

"十交"

● 交生产进度产量完成情况：交本班生产、工艺指标、产品质量、产量入库和任务完成情况。

● 交设备运行情况：当班期间设备开、停时间，停机原因。若遇设备故障，则必须说明故障发生时间、原因、处理情况、遗留问题以及其他注意事项。交接中对重要的岗位、关键的设备及有关安全附件、操作控制仪表运行使用及维护保养情况等要逐一交代，不可疏忽。

● 交安全：交当班安全、环保、事故情况。不安全因素排查及已采取的预防措施和事故（包括事故隐患）处理情况。

● 交公用工器具是否齐全、完好：认真交接清点工具、用具和各种消防、防护器材，确保数量齐全、清洁完好并查看其质量缺损情况，工具损坏或遗失要详细说明原因。

● 交工艺指标过程控制情况：交重要的数据、重要的工艺指标执行控制经验、注意事项和为下一班所做的准备工作。

● 交台账记录：交原始记录是否正确、清楚、完整。

● 交生产线上存放的原、辅材料是否与生产任务单要求使用的材料相符，以及产品质量及存在的问题。

● 交接公司文件、通知、通报、指令等有关内容。

● 交卫生：交接岗位区域环境卫生和设备卫生情况。

● 交设备、管道等岗位跑、冒、滴、漏情况。

"十不交"

● 生产不正常或事故隐患不明未处理完不交接。

● 设备维护不好或情况不明不交接。

● 岗位责任区内清洁卫生未清扫的，区域不清洁不得交接班。

● 原始记录不全、不齐、不准、不清楚不交接。

● 接班者马虎、不严格，指标任务未完成，原因不清不交接。

● 遇事故正在处理或正在进行重要操作的，不得交接班。应待事故处理完毕、设备运转正常后才能交接班（可以在事故告一段落时，经领导批准，进行交接班）。

● 接班人酒后上班或精神状态严重不佳的，不得交接班。

● 接班人员未到岗的，不得交接班。

● 工具、用具、仪器仪表不齐全、未清理、未点清不交接，各工具损坏或遗失要详细说明原因，分清责任，并按有关规定办理赔偿手续。

● 交、接班人不签字的，不得交接班。

拓展知识　静电跨接

1. 什么是静电跨接

静电跨接用于消除静电，防止静电火花的产生，利用导电性比较好的金属将两个法兰或者阀门法兰连接起来，如图3-3所示。

图3-3　静电跨接

2. 巡检时静电跨接怎么查

（1）观察各类盛装易燃易爆介质的容器（储罐、塔釜、管道等）的接地装置是否连接牢固，接地装置连接到设备上的一端有没有出现断裂的迹象，连接的螺栓是否有锈蚀等。

（2）用于振动设备静电连接的软性线是否有锈蚀或断裂的痕迹。

（3）检查装卸时移动运输设备采用的静电接地夹（通常伴有声光报警表示静电释放进度）是否能正常导出接地。

（4）通常防静电接地在地下是与防雷接地共连，应严格执行防雷检测的要求，每半年开展一次防静电接地检测，记录检测阻值。

任务指导

1. 静设备巡检——以换热器巡检为例

（1）巡检工具　扳手、红外热像仪、超声波检测仪等。

（2）巡检内容

① 检查安全阀是否正常。（是否在校验有效期内使用；铅封装置是否完好；如果安全阀和排放口之间装设了截止阀，截止阀是否处于全开位置；安全阀是否有泄漏；放空管是否通畅，旁路阀是否关闭等）

② 检查换热器主要受压元件（包括封头、膨胀节、筒体、设备法兰等）是否有裂纹、鼓包、变形、泄漏等。

③ 检查接管、紧固件、阀门等是否完好。

④ 检查容器、管道是否发生严重振动。

⑤ 检查基座应变热胀冷缩的滑动端是否被螺栓螺帽紧固住。

⑥ 检查运行参数：换热器本体以及冷流、热流管道上的就地压力表和温度计是否在正常范围内并和中控进行内外操对表核实数据真实性，严禁超温超压运行。

⑦ 若换热器没有保温，用红外热成像仪检查内部折流板流动换热情况，是否出现偏流或者顶部存在不凝气等，成像画面如图3-4所示。

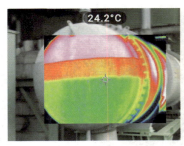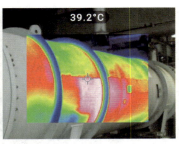

图3-4　换热器红外热成像画面

2. 动设备——以普通离心泵巡检为例

（1）巡检工具　扳手、管钳、一字螺丝刀、手钳、听音棒、测振仪、测温仪等。

（2）巡检内容

① 检查润滑油位应在 1/2～2/3 处，温度不高于 60℃，不能有乳化、变质、颜色清澈透明现象。若油量或者脂量不足，就加一点。油位过高会导致轴承阻力增加，也会导致漏油。

② 使用听音棒检查轴承的运转情况，听是否有异常声音。

③ 真空表、压力表的指针要平稳，电流表的电流要稳定。

④ 泵和电机的地脚螺栓要牢固，不能发生振动；电机尾部散热风扇网罩没有被异物堵住而影响散热，叶片没有掉落；电机接地线正常，接线盒格兰头密封良好；电机罩壳与轴之间间隙正常，无刮擦。

⑤ 检查机械密封是否正常：单机械密封若有自冲洗管线，需确认自冲洗管线温度正常且没有堵。检查双机械密封的密封液进出管线温差、流量是否接近等。

⑥ 检查出口压力、振动、密封泄漏、轴承温度等情况。

⑦ 检查泵附属管线是否畅通。

⑧ 备用泵巡检。检查备用泵马达叶片是否在旋转，判断进出口阀门是否有内漏（大部分离心泵的备用泵状态是，进口全开、出口全关；或者进出口都全开，出口有单向阀）。

3. 内外操对表

（1）当外操员巡检到某运行中的泵时，需要通过对讲机及时向内操汇报泵的出口现场压力表显示的数值。

内外操对表

（2）内操员依据外操员反馈的数值与 DCS 画面中显示的泵出口压力变送器数值进行比对。如果就地压力与远传压力两者数值对比一致，说明现场压力表显示与压力变送器测量结果正常。

（3）但如果数值对比不一致，就需要内外操分别对问题进行排查，找出原因，予以解决。一般情况下，DCS 数值与现场实际数值允许有 ±10% 的误差。如果有特殊要求或标准，应以特殊要求或标准作为评判依据。如遇超出 ±10% 的误差，或有特殊要求或标准时，需及时汇报上级排查处理。

🌈 课后思考与探究

1. 化工装置巡检的目的是什么？

2. 化工操作员巡检时如何保护好自己？

3. 列举装置巡检常用工具及其用途。

4. 装置现场巡检时，动设备和静设备的检查要点是什么？

5. 请谈谈人工智能的应用对化工操作员巡检工作带来的影响，从利弊两方面进行阐述。

任务三 化工生产计算

任务描述

　　　　对生产装置化工过程单元系统的物料平衡和能量平衡进行定量计算，通过计算，得出主副产品的生成量、原材料的消耗量，确定各物流的流量、组成等，进而对生产情况进行分析，为生产优化提供依据。

任务目标

1. 能简述物料衡算和能量衡算的含义和目的。
2. 能从操作方式和时间序列两个角度列举化工过程的类别。
3. 能记住并理解物料衡算和能量衡算关系式。
4. 能对特定生产过程进行简单的物料衡算和能量衡算。
5. 树立对化工生产全流程的系统管理意识、节能降耗意识和成本管控意识。
6. 在化工计算中具备严谨、细致的工作态度和知识应用、迁移能力。

基础知识

　　物料衡算和能量衡算是化工工艺设计和化工生产管理的重要基础，其重要性如下：

　　① 为化工工艺设计及经济评价提供基本依据。通过对全过程或单元过程的物料衡算和能量衡算，可以确定工厂生产装置设备的设计规模和能力；同时，可以计算出主、副产品的产量，原料的消耗定额，生产过程的物料损耗以及"三废"的排放量，蒸汽、水、电、燃料等公用工程消耗。

　　② 为设备选型和基础设施建设提供依据。通过物料和能量衡算可以确定各物料的流量、组成、状态和物化性质，从而为确定设备尺寸、管道设计、仪表设计、公用工程设计以及建筑设计、结构设计等提供依据。

　　③ 为生产改进、生产成本降低和节能减排提供依据。

　　物料衡算和能量衡算是化工技术人员必须熟练掌握的基本技能。

一、物料衡算

1. 物料衡算的定义和目的

　　化工生产中的物料衡算是工艺工程师用来确保物料守恒的计算过程。它涉及计算进入和离开化学处理单元的所有原料、中间产物、副产品和最终产品的质量流量。

　　物料衡算的首要目的是确定化工过程中原料和产品之间的数量关系。通过精确计算原料的投入量、产品的产出量以及可能的中间产物，可以深入了解整个化学反应过程，从而优化生产过程，提高产品的质量和产量。通过预测在不同条件下可能得到的产物、产物的比例以及可能产生的废物等，从而为实际生产提供指导，为工艺参数优化、生产效率计算和成本评估、安全评估等提供依据。

2. 物料衡算的分类

物料平衡的理论依据是质量守恒定律，即在一个独立的体系中，无论物质发生怎样的变化，其总质量保持不变。

（1）依据衡算体系的不同，可将物料衡算划分为过程衡算、设备衡算和结点衡算。

过程衡算：是对一个化工过程进行的总体衡算；

设备衡算：是对一个化工设备进行衡算；

结点衡算：是对物料的汇合点或分支点进行衡算。

（2）依据衡算目标的不同，可将物料衡算进一步划分为总体质量衡算、组分质量衡算和元素质量衡算。

无论选定的衡算体系是否有化学反应发生，总体质量衡算和元素质量衡算均符合质量守恒定律，即过程前后的总质量和元素量不发生变化；但对于组分质量衡算，若选定的衡算组分参与化学反应时，其过程前后的质量是要发生变化的。

3. 物料衡算的关系

在选定的衡算体系和一定的衡算基准下，存在下列基本衡算关系。

（1）总体质量衡算　根据质量守恒定律，对于任意衡算体系，均存在如下关系式：

$$\sum 输入系统质量 = \sum 输出系统质量 + \sum 系统质量积累 + \sum 系统质量损失$$

即在没有质量损失的情况下，系统输入的质量等于系统输出的质量加上系统内部积累的质量。这个公式适用于任何封闭或半封闭的系统，其中质量的流动和变化可以被跟踪和计算。

（2）组分质量衡算　在化学反应或非定态操作情况下，衡算体系内每种组分的质量或摩尔量将发生变化。对组分 i（质量或物质的量）：

$$输入系统的量 \pm 化学反应量 = 输出系统的量 + 系统积累量 + 系统损失量$$

这里，若对反应物进行组分衡算，则化学反应量应取"-"，若进行的是生成物的物料衡算，则化学反应量应取"+"。

（3）元素质量衡算　在不发生裂变的情况下，衡算体系内的任一元素 j（质量或物质的量）均满足下列关系式：

$$输入系统的量 = 输出系统的量 + 系统积累量 + 系统损失量$$

在以上各衡算式中，若选定的衡算体系处于稳定操作状态，则"系统积累量"一项为零，否则不为零。

> 列物料平衡式时应特别注意以下事项：
> ● 物料平衡是指质量平衡，而不是体积或物质的量平衡。
> ● 对于无化学反应体系，能列出独立物料平衡式的最多数目等于输入和输出的物流里的组分数；当给定两种组分的输入、输出物料时，可以写出两个组分的物料平衡式和一个总质量平衡式，这三个平衡式中只有两个是独立的，而另一个是派生出来的。
> ● 在写平衡方程式时，要尽量使方程式所包含的未知数最少。

二、能量衡算

1. 能量衡算的定义和目的

化工生产中的能量衡算是指在化工过程中对能量的收支进行定量分析，确保能量在进出化工系统边界时守恒。这包括对所有形式的能量输入（如原料的化学能、加热或冷却过程中的热能输入）和输出（如产品的化学能、系统散发的热能、机械功等）进行衡量和计算。能量衡算的基础是物料衡算，只有在完成物料衡算后，才能做出能量衡算。

化工能量衡算目的主要在于评估化工过程的能源效率、分析能量损失和寻找节能措施，从而降低能耗和减少环境污染；同时为非工艺专业（热工、电、给水等）的设计提供设计条件。

2. 能量衡算的依据和基准

能量有多种存在形式，如势能、动能、电能、热能、化学能等，各种形式的能量在一定的条件下可以相互转化。但无论怎样转化，总能量都是守恒的。能量衡算的依据就是能量守恒定律。

能量衡算的基准包括物料质量基准、温度及相态基准两个方面。

（1）物料质量基准　物料质量基准的选取原则与物料衡算相同。

（2）温度及相态基准　温度基准因能量衡算式的不同而不同。如采用平均热容法计算时，大都选取25℃作为能量衡算的基准温度。25℃、101.325kPa下的稳定单质为参考态。

3. 能量衡算方程式

化工生产中的能量衡算式：

$$体系积累的能量 = 进入体系的能量 - 离开体系的能量$$

一般形式为：

$$\Delta E = Q + W$$

式中，ΔE 为体系的总能量变化；Q 表示体系从环境吸收的热量；W 表示环境对体系所做的功。

4. 热量衡算

（1）热量衡算的内容

① 确定传热设备的热负荷。为设计传热型设备如反应器、结晶器、塔式设备、输送设备、压缩设备、分离设备等的形式、尺寸、传热面积等，以及各种控制仪表等提供参数。

② 确定单位产品的能耗指标。

（2）热量衡算方程　如果无轴功条件下，进入系统的热量与离开系统的热量应平衡，即对传热设备的热量衡算可表示为：

$$Q_1 + Q_2 + Q_3 = Q_4 + Q_5 + Q_6$$

式中　Q_1——各股物料带入设备的热量，kJ；

$\quad\quad\ \ Q_2$——由加热剂或冷却剂传递给设备和物料的热量，kJ；

$\quad\quad\ \ Q_3$——过程的各种热效应，如反应热、溶解热等，kJ；

$\quad\quad\ \ Q_4$——各股物料带出设备的热量，kJ；

$\quad\quad\ \ Q_5$——加热设备消耗的热量，kJ；

$\quad\quad\ \ Q_6$——设备向外界环境散失的热量，kJ。

由于化工过程的多样化和复杂性，为便于理解和使问题清晰化，可依据不同化工过程的特点，将其分类处理。

① 根据化工过程的操作方式分类，可将化工过程分为间歇操作、半连续操作和连续操作。

a. 间歇操作。一次性投料、出料，浓度随时间的变化而变化。

b. 半连续操作。一次性投料，连续出料；连续性进料，一次性出料；一组分一次性投料，其他连续进料，一次性出料。

c. 连续操作。连续性进料，连续性出料，浓度不随时间的变化而变化，只随空间位置的变化而变化。

② 根据时间序列分类，可将化工过程分为稳态操作和非稳态操作。

a.稳态操作。操作条件不随时间的变化而变化，只随位置的变化而变化。

b.非稳态操作。操作条件随时间的变化而不断变化，开车、停车、间歇操作、半连续操作都是非稳态操作。

化工过程操作状态不同，其物料衡算和能量衡算的方程也将有所差别。而且化工衡算过程不全是简单的物理变化过程，也可能涉及物理和化学变化同时发生的复杂过程。因此，在进行化工过程物料衡算和能量衡算时，必须了解过程的类别，对过程特性有清晰的认识，才能使计算准确无误。

拓展知识　Aspen ——化工流程计算软件

化工物料的相关计算

计算机技术在各个领域得到广泛应用，在化工行业，数字化转型也已成为提升效率、降低成本的关键驱动力。 Aspen 是在化工领域应用最广泛的软件之一。

Aspen 是一种用于化工工程和过程设计的软件套件，可以模拟和优化化学工程、石油工程、环境工程、制药工程等多个领域的工业过程。

Aspen 软件提供了多种工具，如过程模拟、过程优化、生产计划、设备设计等，可以帮助化工企业进行过程的建模、仿真、优化，从而提高工业过程的效率、可靠性和经济性。

1. 过程建模和仿真

如图 3-5 所示，使用 Aspen 软件可以对化工生产过程进行建模和仿真，方便更好地理解和预测工业过程中的各种因素的影响，从而提高生产过程的效率和可靠性。

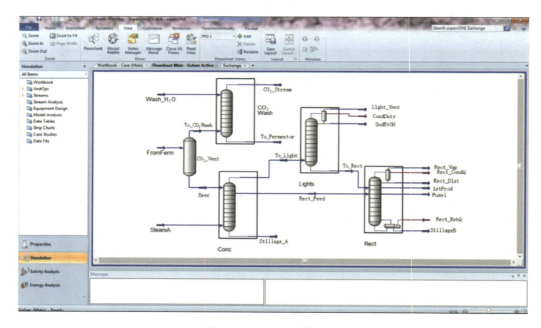

图3-5　Aspen建模画面

2. 过程优化

Aspen 软件可以帮助企业分析工业过程中的优化机会，例如减少生产成本、提高产品质量和安全性等方面，进而通过模拟和优化过程参数来实现这些目标。

3. 设备设计

Aspen 软件可以协助工程师进行设备设计和优化，以确保设备能够满足特定工业过程的要求，同时提高生产效率和安全性。

4. 生产计划

使用 Aspen 软件可以对工业过程的生产计划进行优化，以确保生产过程能够最大限度地实现效率和利润最大化。

任务指导

1. 物料衡算的基本步骤

进行物料衡算时，尤其是那些设备和过程较多的复杂体系的物料衡算，应按照一定的计算步骤来进行。

（1）确定物料衡算范围，绘制物料衡算示意图，标注相关物料衡算数据　进行物料衡算时，必须首先确定衡算的范围，它可以是一个设备或几个设备，也可以是一个单元操作或整个化工过程，可以根据实际需要人为地选定，体系的确定以能简化解题为原则。物料衡算必定是针对特定的衡算体系的，它主要研究在某一个体系内进、出物料量及组成的变化。原则上应选择已知条件最多、物料组分最多、未知变量最少的体系作为第一个衡算系统，这些条件有时不一定能同时满足，可视具体情况进行取舍。

绘制物料衡算示意图时，要着重考虑物料的来龙去脉，对设备的外形、尺寸、比例等并不严格要求。图面表达的主要内容为：物料的流动及变化情况，注明物料的名称、数量、组成及流向，注明与计算有关的工艺条件，如相态、配比等，图上不但要标明已知数据，待求的未知数也要以恰当的符号标注在图上，以便分析，这样不易出现差错。

根据衡算对象的情况，用框图形式画出物料流程简图后，必要时可在流程图中用虚线表示体系的边界，从虚线与物料流股的交点可以很方便地知道进出体系的物料流股有多少。

画物料流程图的方法

① 用简单的方框表示过程中的设备，方框中标明过程的特点或设备的名称。

② 用带箭头的线条表示每股物流的途径和流向。

举例：含 CH_4 85% 和 C_2H_6 15%（摩尔分数）的天然气与空气在混合器中混合。得到的混合气体含 CH_4 10%。试计算 100mol 天然气应加入的空气量及得到的混合气量。所画的物料流程简图如下所示：

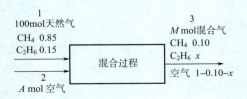

（2）列出化学反应方程式　列出各个过程的主、副化学反应方程式和物理变化的依据，明确反应和变化前后的物料组成及各个组分之间的定量关系。需要说明的是，当副反应很多时，对那些次要的，且所占比重也很小的副反应，可以略去。而对于那些产生有害物质或明显影响产品质量的副反应，其量虽小，却不能随便略去。

写化学反应方程式时，应按化学反应方程式的正确配平方法将方程式配平，包括主反应和副反应，并将参与反应的各反应物和生成物的分子量列表汇总表示出来，以备计算时用。

（3）确定计算任务　根据物料衡算示意图和化学反应方程式，分析物料经过每一过程、每一设备后数量、组成及物流走向所发生的变化，并分析数据资料，进一步明确已知项和待求的未知项。对于未知项，判断哪些是可以查到的，哪些是必须通过计算求出的，从而弄清计算任务。

（4）收集数据资料　计算任务确定之后，要收集的数据和资料也就明确了。一类为设计任务所规定的已知条件，一类为与过程有关的物理化学参数。一般需要收集的数据和资料如下。

① 生产规模和生产时间（即年生产时数）。生产规模一般在设计任务书中已明确，如年产多少吨的某产品，进行物料计算时可直接按规定的数字计算。如果是中间车间，应根据消耗定额确定生产规模，同时考虑物料在车间的回流情况。

生产时间即年工作时数，应根据全厂检修、车间检修、生产过程和设备特性考虑每年有效的生产时数，一般生产过程无特殊现象（如易堵、易波动等），设备能正常运转（没有严重的腐蚀现象）或者已在流程上设有必要的备用设备（运转的泵、风机都设有备用设备），且全厂的公用工程系统又能保障供应的装置，年工作时数可采用 8000 ~ 8400h。

全厂（车间）检修时间较多的生产装置，年工作时数可采用 8000h。目前，大型化工生产装置一般都采用 8000h。

② 有关工艺技术经济指标。即有关的消耗定额、转化率、收率、选择性（或产率）等。有关的消耗定额是指生产每吨合格产品需要的原料、辅助原料及试剂等的消耗量。消耗定额低说明原料利用得充分，反之，消耗定额高势必增加产品成本，加重"三废"治理的负担，所以说消耗定额是反映生产技术水平的一项重要经济指标，同时也是进行物料衡算的基础数据之一。

衡量化学反应进行的程度及其效率，常使用转化率、选择性及收率等指标，它们和物料衡算有着密切关系。

③ 原料、辅助材料、产品、中间产品的规格、工艺参数。进行物料衡算必须要有原材料及产品等的组成及规格，该数据主要向有关生产厂家咨询或查阅有关产品的质量标准。工艺参数包括温度、压力、流量、原料配比、停留时间等。

④ 与过程计算有关的物理化学常数。计算中用到很多物理化学常数，如密度、蒸气压、相平衡常数等，需要注意的是，在收集有关的数据资料时，应注意其准确性、可靠性和适用范围，这样在一开始计算时就把有关的数据资料准备好，既可以提高工作效率，又可以减小差错发生率。

（5）选择计算基准　在物料衡算过程中，衡算基准选择恰当，可以使计算简便，避免误差。在一般的化工工艺计算中，根据过程特点，选择的基准大致有时间基准、质量基准和体积基准。

① 时间基准。对于连续生产，以一段时间间隔如：一秒、一小时、一天的投料量或生产的产品量为计算基准；对间歇生产，一般以一釜或一批料的生产周期，作为计算基准。

② 质量基准。当系统介质为固体或液体时，一般以质量为计算基准。如以煤、石油、矿石为原料的化工生产过程，一般采用一定量的原料，例如 1kg、1000kg 原料等作为计算基准。

③ 体积基准。对气体物料进行计算时，一般选体积作为计算基准。一般用标准体积，即把操作条件下的体积换算为标准状态下的体积，这样不仅与温度、压力变化没有关系，而且可以直接换算为物质的量。

确定计算基准，通常可以从年产量出发，由此算出原料年需要量和中间产品、"三废"的年产量。为了使计算简便，可以先按 100kg（或 100kmol、10 标准体积、其他方便的数量）进行计算。

选择计算基准时，应该注意以下几点：

① 应选择已知变量数最多的流股作为计算基准。

② 对液体或固体的体系，常选取单位质量作基准。

③ 对连续流动体系，用单位时间作计算基准有时较方便。

④ 对于气体物料，如果环境条件（如温度、压力）已定，则可选取体积作基准。

（6）建立物料平衡方程，展开计算　物料平衡方程：

$$进入衡算单元的物料量\ F_i - 流出衡算单元的物料量\ F_o + 在衡算单元内生成的物料量\ D_p - 在衡算单元内消耗的物料量\ D_r = 在衡算单元内累积的物料量\ W$$

稳态无反应过程时：$F_i = F_o$。

稳定操作过程（即稳流过程）：$(F_i - F_o) + (D_p - D_r) = 0$

即：
$$F_i + D_p = F_o + D_r$$

列出过程的全部独立的物料衡算方程式及其他相关约束式、化学反应方程式，明确反应前后物料组成和各个组分之间的定量关系、转化率、选择性。统计变量个数与方程个数，关联式的数目应等于未知项的数目。当条件不充分导致关联式数量不够时，常采用试差法求解，这时可以编制合理的程序，利用计算机进行简捷、快速的计算。

（7）整理并校核计算结果　在工艺计算过程中，每一步都要认真计算并认真校核，以便及时发现差错，以免差错延续，造成大量计算工作返工。当计算全部完成后，对计算结果进行认真整理，并列成表格即物料衡算表。表中的计量单位可采用 kg/h，也可以用 kmol/h 或 m³/h 等，要视具体情况而定。

通过物料衡算表（表 3-3）可以直接检查计算是否准确，分析结果组成是否合理，并易于发现设计上（生产上）存在的问题，从而判断其合理性，提出改进方案。物料衡算表可使其他校审人员一目了然，大大提高工作效率。

表 3-3　物料衡算表

组分	规格	分子量	进料（输入）		出料（输出）	
			进料 /（kg/h 或 kmol/h）	质量（或摩尔）分数 /%	出料 /（kg/h 或 kmol/h）	质量（或摩尔）分数 /%
合计						

（8）绘制物料流程图　根据各个工序的物料衡算结果绘制出完整的工艺物料流程图。物料流程图（表）是物料衡算结果的一种简单而清楚的表示方法，它最大的优点是查阅方便，并能清楚地表示出物料在流程中的位置、变化结果和相互比例关系。

2. 热量衡算方法

（1）热量衡算的一般步骤　热量衡算是在物料衡算的基础上进行的，其计算步骤如下：

① 绘制以单位时间为基准的物料流程图，确定热量平衡的范围。

② 在物料流程图上标明温度、压力、相态等已知条件。

③ 选定计算基准温度。由于手册、文献上查到的热力学数据大多数是 273K 或 298K 的数据，故选此温度为基准温度，计算比较方便，计算时相态的确定也是很重要的。

④ 根据物料的变化和流向，列出热量衡算式，然后用数学方法求解未知值。

⑤ 整理并校核计算结果，列出热量平衡表。

（2）进行热量衡算的注意要点

① 热量衡算时要先根据物料的变化和走向，认真分析热量间的关系，然后根据热量守恒定律列出热量关系式。由于传热介质有加热剂和冷却剂，热效应有吸热和放热，热量损失有热量损失和冷量损失，因此，关系式中的热量数值有正、负之分，计算时应认真分析。

② 要弄清楚过程中出现的热量形式，以便搜集有关的物性数据，如热效应有反应热、溶解热、结晶热等。通常，显热采用比热容计算，而潜热采用汽化热计算。

③ 计算结果是否正确适用，关键在于数据的正确性和可靠性，因此必须认真查找、分析、筛选，必要时可进行实际测定。

④ 间歇操作设备，其传热量 Q 随时间而变化，因此要用不均衡系数将设备的热负荷由 kJ/ 台换算为 kJ/h。不均衡系数一般根据经验选取，其换算公式为：

$$Q（kJ/h）=（Q_2 \times 不均衡系数）/（h/ 台）$$

计算公式中的热负荷为全过程中热负荷最大阶段的热负荷。

（3）系统热量衡算　系统热量平衡是指一个换热系统、一个车间或全厂（或联合企业）的热量平衡。其依据的基本原理仍然是能量守恒定律，即进入系统的热量等于出系统的热量和损失热量之和。

系统热量衡算的作用：

① 通过对整个系统能量平衡的计算求出能量的综合利用率。由此来检验流程设计时提出的能量回收方案是否合理，按工艺流程图检查重要的能量损失是否都考虑到了回收利用，有无不必要的交叉换热，核对原设计的能量回收装置是否符合工艺过程的要求。

② 通过各设备加热（冷却）利用量计算，把各设备的水、电、汽（气）、燃料的用量进行汇总，求出每吨产品的动力消耗定额如表 3-4 所示，即每小时、每昼夜的最大用量以及年消耗量等。

表 3-4　动力消耗定额

序号	动力名称	规格	每吨产品消耗定额	每小时消耗量		每昼夜消耗量		每年消耗量	备注
				最大	平均	最大	平均		

动力消耗包括自来水（一次水）、循环水（二次水）、冷冻盐水、蒸汽、电、石油气、重油、氮气、压缩空气等的消耗。动力消耗量根据设备计算的能量平衡部分及操作时间求出。消耗量的日平均值是以一年中平均每日消耗量计，小时平均值则以日平均值为准。每昼夜与每小时最大消耗量是以其平均值乘上消耗系数求取，消耗系数须根据实际情况确定。动力规格指蒸汽的压力、冷冻盐水的进出口温度等。

系统热量平衡计算的步骤与上述的热量衡算计算步骤基本相同。

【例1】 有反应过程的物料衡算

C_3H_8 在 125% 的过量空气中完全燃烧，其反应式为：

$$C_3H_8+5O_2 === 3CO_2+4H_2O$$

问每生产 100mol 燃烧产物（烟道气），需多少摩尔空气？

解：此题计算基准的选择有三种可能性：①空气的量；②C_3H_8 的量；③烟道气的量。

方法一：基准　1mol C_3H_8

燃烧需氧量	5mol
实际供氧5×1.25	6.25mol
需空气量（空气中氧占 21%）	29.76mol
其中氮气量	23.51mol

物料平衡表如下：

	进入			离开		
组成	mol	g	组成	mol	g
C_3H_8	1	44	CO_2	3	132
			H_2O	4	72
O_2	6.25	200	O_2	1.25	40
N_2	23.51	653.3	N_2	23.51	653.3
总计	30.76	897.3	总计	31.76	897.3

设每 100mol 烟道气需空气量设为 $x$mol，

$$31.76 : 29.76 = 100 : x$$
$$x = 100 \times 29.76/31.76 = 93.7 \text{mol}$$

答：每生产 100mol 燃烧产物（烟道气），需要 93.7mol 空气。

练一练：试着用"**方法二：基准 1mol 空气**"完成计算。

由前面衡算可知，燃烧 1mol C_3H_8 要消耗空气 29.76mol，据此，消耗 1mol 空气对应燃烧 C_3H_8 量为_____mol，完成如下物料平衡表：

	进入			离开		
组成	mol	g	组成	mol	g
C_3H_8			CO_2		
空气	1	28.88	H_2O	0.135	2.43
			O_2		
			N_2	0.79	22.12
总计			总计		

设每 100mol 烟道气需空气量为 $x$mol，

_____

_____

_____

【例2】 简单热量衡算

空气通过一热水塔进料：2500m³/h（标况下），25℃，热水进口 91℃，热损失为 20000kcal/h，消耗在设备的热可忽略不计，已知在 84℃ 的相变热为 549kcal/kg，求热水出口温度。[C_{pH_2O}=1.0kcal/(kg·℃)，$C_{p空气}$=0.24kcal/(kg·℃)，1kcal=4.186kJ]

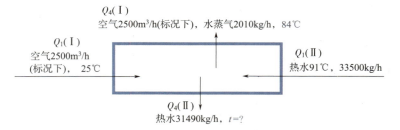

解：以 0℃为基准

空气量：2500/22.4×28.8=3210kg/h

Q_1（Ⅰ）=3210×0.24×（25-0）=19290kcal/h

Q_1（Ⅱ）=33500×1×（91-0）=3048500kcal

Q_4（Ⅰ）=3210×0.24×（84-0）+2010×1×（84-0）+2010×549=1337043.6kcal

Q_4（Ⅱ）=31490×1×（t-0）=31490t

Q_6=20000kcal/h

Q_1（Ⅰ）+Q_1（Ⅱ）=Q_4（Ⅰ）+Q_4（Ⅱ）+Q_6

19290+3048500=1337043.6+31490t+20000

解得 t=54.3℃

答：热水出口温度为 54.3℃。

课后思考与探究

1. 一种废酸，组成为 23%（质量分数）HNO_3，57% H_2SO_4 和 20% H_2O，加入 93% 的 H_2SO_4 及 90% 的 HNO_3，要求混合成 27% HNO_3，60% H_2SO_4 的混合酸，计算所需废酸及加入浓酸的量。

2. 在石油分馏中，直馏得重石脑油 A 与催裂化得的重石脑油 B 混合后作为催化重整的原料，已知进混合器的 A 的量为 200kmol/min，组成为 C_6 60%，C_8 40%，B 的量为 100kmol/min，组成为 C_6 50%，C_8 50%（均为摩尔分数）。求混合物的组成。

3. 一蒸发器连续操作，处理量为 25t/h 溶液，原液含 10% NaCl，10% NaOH 及 80%（W%）H_2O，经蒸发后溶液中部分水分蒸出，并有 NaCl 结晶析出，离开蒸发器溶液组成为 NaOH 50%，NaCl 2%，H_2O 48%。计算：

（1）每小时蒸发出的水量（kg/h）；

（2）每小时析出 NaCl 的量；

（3）每小时离开蒸发器的浓溶液的量。

4. 苯与丙烯反应生产异丙苯，丙烯转化率为 84%，温度为 523K，压力为 1.722MPa，苯与丙烯的摩尔比为 5。原料苯中含有 5% 的甲苯，假定不考虑甲苯的反应，计算产物的组成。

5. 三氯苯可作干洗剂，由苯氯化制取，由于连串反应会同时生成各种取代物：

$$C_6H_6+Cl_2 \longrightarrow C_6H_5Cl+HCl \qquad （a）$$
$$C_6H_5Cl+Cl_2 \longrightarrow C_6H_4Cl_2+HCl \qquad （b）$$
$$C_6H_4Cl_2+Cl_2 \longrightarrow C_6H_3Cl_3+HCl \qquad （c）$$
$$C_6H_3Cl_3+Cl_2 \longrightarrow C_6H_2Cl_4+HCl \qquad （d）$$

进料氯气与苯的摩尔比为 3.6:1，反应后的 Cl_2 和 HCl 呈气相逸出，得到液相组成为 C_6H_6 1%，C_6H_5Cl 7%，$C_6H_4Cl_2$ 12%，$C_6H_3Cl_3$ 75%，$C_6H_2Cl_4$ 5%，苯的投料量为 1000mol/h。求液相产物与气相产物的排出量。

任务四　装置异常处置

任务描述

化工装置运行过程中，当班班组执行 DCS 监控和现场巡检等任务时，应及时发现设备、参数等异常，第一时间报告，在班长的指挥下，班组协同相关部门人员共同完成异常处置。

任务目标

1. 能说出化工生产装置常见异常。
2. 能说出化工生产装置常见异常处置的一般方法。
3. 能正确处理设备故障、工艺参数异常等化工生产常见异常。
4. 工作中具有责任意识，具备发现隐患并及时处置的素养。
5. 具备岗位间协同完成装置异常处置的能力。

基础知识

一、化工生产常见异常及处置方法

在化工生产过程中，有时会由于误操作、设备故障、材料磨损、介质腐蚀、连接松动、阀门故障、公用工程异常等造成生产异常，生产人员需正确识别异常的原因并作出及时、正确的处置。

1. 常见设备异常及处置方法

（1）泵的常见异常及处置方法（以离心泵为例）见表 3-5。

表 3-5　离心泵的常见异常及处置方法

异常现象	原因	处置方法
电机轴承温度高	自动加脂机损坏或操作工责任心差造成轴承缺少润滑脂	及时补加润滑脂
电机超电流	①离心泵旋转部件擦碰 ②出口流量过大 ③输送介质密度过大 ④机泵返回线开启过大	①停泵检修 ②降低出口流量 ③降低输送介质密度 ④关小机泵返回线
泵的轴承振速超标	①泵轴与电机轴不同心 ②轴承损坏 ③叶轮动平衡破坏 ④气蚀或抽空	①停泵，校中心 ②停泵，更换轴承 ③停泵，校叶轮动平衡 ④找出气蚀或抽空的原因对症处理

（2）换热器的常见异常及处置方法（以管壳式换热器为例）见表 3-6。

表 3-6　管壳式换热器的常见异常及处置方法

异常现象	原因	处置方法
两种介质互窜（内漏）	①换热器腐蚀穿孔、开裂 ②换热器与管板胀口（焊口）裂开 ③浮头式换热器浮头法兰密封泄漏 ④管子被折流板磨破	①更换或堵死漏管 ②重焊（补焊）或堵死 ③紧固螺栓或更换密封垫片 ④换管或堵管
法兰处密封泄漏	①垫片承压不足、腐蚀或变质 ②螺栓强度不足、松动或腐蚀 ③法兰刚性不足或密封面缺陷 ④法兰不平行或错位 ⑤垫片质量不好	①紧固螺栓，更换垫片 ②升级螺栓材质，紧固螺栓或更换螺栓 ③更换法兰或处理缺陷 ④重新组对或更换法兰 ⑤更换垫片
传热效率下降	①列管结垢 ②壳体内不凝气或冷凝液增多 ③列管、管路或阀门堵塞 ④水质不好，油污或微生物多 ⑤隔板短路	①清洗管子 ②排放不凝气和冷凝液 ③检查清理管路 ④加强过滤，净化介质 ⑤更换管箱垫片或隔板
振动	①壳程介质流动过快 ②管路振动所致 ③管束与折流板结构不合理 ④基座刚度不够	①调节流量 ②加固管路或增加抗振补偿 ③改进设计 ④加固机座
管板与壳体连接处开裂	①焊接质量不好 ②外壳歪斜，连接管线拉力或推力过大 ③腐蚀严重，外壳壁厚减薄	①补焊重焊 ②重新调整找正 ③鉴定后修补或增加牺牲阳极／阴极保护法
阻力降超过允许值	①过滤器失效 ②壳体、管内外结垢	①清扫或更换过滤器 ②用射流或化学清洗剂清洗污垢

（3）塔器常见异常及处置方法见表 3-7。

表 3-7　塔器常见异常及处置方法

异常现象	原因	处置方法
内构件表面结垢	①被处理物料中含有机械杂质（如泥、砂等） ②被处理物料中有结晶析出和沉淀 ③硬水所产生的水垢 ④设备结构材料被腐蚀产生腐蚀产物	①增加过滤设备 ②清除结晶和沉淀 ③清除水垢 ④清除腐蚀产物，加强防腐
连接处失去密封能力	①法兰连接螺栓未拧紧 ②螺栓变形 ③设备振动引起螺栓松动 ④密封圈老化 ⑤密封圈腐蚀 ⑥法兰面缺陷	①拧紧松动螺栓 ②更换变形螺栓 ③消除振动，拧紧松动螺栓 ④更换密封圈 ⑤更换耐腐蚀密封圈 ⑥加工或更换法兰

续表

异常现象	原因	处置方法
塔体厚度减薄	长时间受到介质的腐蚀、冲蚀和摩擦	修理或更换设备，升级材质，降低塔内流体速度
塔体局部变形	①塔局部腐蚀或过热使材料强度降低，引起设备变形 ②材料内应力超过屈服极限发生塑性变形 ③外压设备工作压力超过临界工作压力导致设备失稳变形	①防止局部腐蚀产生 ②矫正变形处，焊上补强板 ③调节压力，紧急停车，更换或维修设备，规定操作上限的报警、联锁，增加安全泄压设施
塔体出现裂缝	①局部变形加剧 ②封头设计或制造有缺陷 ③水力冲击作用 ④结构材料缺陷 ⑤振动或温差的影响 ⑥应力腐蚀 ⑦应力集中	紧急停车、重新设计并更换符合工艺要求的塔体以及附件
塔板越过稳定操作区	①气液相负荷非正常变化 ②塔板不水平	①控制气相，重新评估并定义合适区间的操作参数；停车重新计算并调整内构件，如：塔板、分布器、溢流堰、降液管等 ②调正塔板水平度
塔板上的元件脱落和腐蚀	①安装不牢 ②操作条件破坏 ③元件材料不耐腐蚀	①重新安装牢固 ②改善操作，加强控制 ③将元件更换为耐腐蚀材料

（4）反应器常见异常及处置方法（以釜式反应器为例）见表 3-8。

表 3-8　釜式反应器常见异常及处置方法

异常现象	原因	处置方法
壳体损坏	①介质腐蚀 ②热应力影响 ③磨损减薄或均匀腐蚀	①重新修补内衬或局部补焊 ②消除应力，修补裂纹 ③升级材质或更换设备
超温超压	①仪表失灵 ②控制不严格 ③原料配比不当，产生剧烈反应 ④传热或搅拌性能不佳，发生副反应 ⑤进气阀失灵，进气压力过大	①检查、修复自控系统并评估增加监控 ②严格执行操作规程，调节参数至正常，并设计参数联锁功能 ③紧急泄压，按规定定量、定时投料，严防误操作 ④增加传热面积或清除污垢，改善传热效果；修复搅拌器，提高搅拌效率 ⑤修理气源阀
釜内有杂音	①搅拌器摩擦釜内附件（蛇管、温度计管等）或刮壁 ②搅拌器松脱 ③反应釜内衬鼓包，与搅拌器撞击 ④搅拌器弯曲或轴承损坏	①修理搅拌器或附件，使其保持间距 ②修复搅拌器并在螺栓上添加防松零件 ③修理鼓包处或更换衬里，分析鼓包原因并改进 ④修理搅拌器或更换轴承

续表

异常现象	原因	处置方法
电机电流超过额定值	①轴承损坏 ②釜内温度低，物料黏稠 ③主轴转速过快 ④搅拌器直径过大	①更换轴承 ②按操作规程调整温度，增加对黏度的其他监控措施，物料黏度不能过大 ③控制主轴转速在一定范围内 ④重新设计搅拌器或匹配合适电机

（5）轴封常见异常及处置方法见表3-9。

表 3-9　轴封常见异常及处置方法

异常现象	原因	处置方法
填料密封	① 填料密封磨损或腐蚀，造成与转动轴之间间隙过大 ②油环位置不当或油路堵塞不能形成油封 ③压盖没压紧 ④填料质量差或使用时间过长老化 ⑤填料箱腐蚀	①更换填料 ②调整油环位置，清洗油路 ③压紧填料 ④定期更换填料 ⑤更换合适的填料箱
机械密封	①动静环端面变形、碰伤 ②端面比压过大，摩擦副产生热变形 ③密封圈选材不对，压紧力不够，或 V 形密封圈装反 ④轴线与静环端面垂直度误差过大 ⑤操作压力、温度不稳，硬颗粒进入摩擦副 ⑥轴位移超过指标 ⑦镶装或粘接动静环的镶缝泄漏	①更换新的机械密封组件 ②调整比压至合适值，加强冷却，及时带走热量 ③更换材料合适的密封圈，正确安装，保证足够的压紧力 ④重新找正，保证垂直度误差小于 0.5mm ⑤严格控制工艺指标，制订定期机械密封冲洗计划，防止颗粒或结晶物进入摩擦副 ⑥ 调整间距或安装轴位移监控仪表 ⑦改进安装工艺，粘接牢固

2. 工艺参数异常及处置方法

工艺参数异常表现为示数偏低、偏高、不动、异常波动等现象。导致工艺参数异常的原因可能是工艺参数本身出现异常，或在测量系统的某环节发生故障，导致数据显示不准确。

诊断故障原因，要求生产人员对仪表的测量原理、物理结构、使用特性等具有一定了解；熟知测量系统的整个工作流程；对化工生产的工艺流程、物料特性、设备性质等皆要有较深入的了解。

（1）流量异常处置方法

① 若流量仪表值达到最高，一般现场检测仪表也会显示最高，这时手动调节或远程调节阀大小，若流量值减小，说明是工艺问题；若流量值不变，则是仪表系统的故障，需要检测仪表信号传输系统、测量引压系统等是否存在异常。

② 若流量指数异常波动，可将系统由自动控制转到手动控制，若依然存在波动状况，说明是工艺原因所致；若波动减小，说明是 PID 参数问题或仪表问题。

③ 若仪表流量达到最低，首先检查现场检测仪表，若现场仪表同样显示最低，则查看调节阀开度，开度为零说明故障发生在流量调节装置上，若开度正常，极有可能是物料结晶、管道阻塞或压力过低所致。若现场仪表正常，说明显示仪表出现问题，其原因通常是机

械仪表齿轮卡死、差压变送器正压室渗漏等。

（2）物位异常处置方法

① 液位仪表值达最高或最低时，根据现场检测仪表进行判断，若现场仪表正常，则将系统改为手动调控，查看液位是否变动，若液位能够在某一范围内保持稳定，说明是液位控制系统出现问题，反之则是工艺方面的原因。

② 对于差压式液位仪表，当控制仪表与现场检测仪表的显示数据不符，且现场仪表不存在明显异常时，检查导压管液封是否正常，若存在泄漏现象，补充密封液，仪表归零；若不存在泄漏情况，初步推断是仪表负迁移量出错，需进行校正。

③ 液位控制仪表的数据异常波动时，要根据设备容量分情况进行判断，设备容量大的，通常是仪表出现问题；设备容量小的，要先检查工艺操作，若工艺操作有所变动，极有可能是工艺原因导致的波动，反之就是仪表方面的问题。

（3）压力异常处置方法　当压力仪表数据异常时，应当根据被测介质的物理状态——固态、液态、气态，进行针对性的检测和诊断。

① 压力控制仪表出现异常波动时，要首先确认工艺操作的变动情况，因为此类变化多是工艺操作及 PID 参数异常所致。

② 当控制仪表停滞不动，即工艺操作变化的情况下仪表数据依然保持恒定时，通常是由于压力测量系统出现故障所致，这时应首先确认引压导管是否存在堵塞情况，若管道畅通，再确认压力变送输出装置是否处于正常状态，如果发现异常变化，则可确认问题出现在测量指示系统。

（4）温度异常处置方法　温度异常通常表现为示数偏高、偏低或反应迟缓，当温度异常时，要注意两点：一是温度仪表大都采用电动仪表；二是该系统仪表在检测时具有比较明显的滞后性。

① 温度仪表数据突然间变化到最高或最低，通常属于仪表系统方面的问题，这是由于仪表系统本身具有一定的滞后性，鲜少出现突发性的变动。若出现突发性的变动，一般是由于热电阻、热电偶或变送放大器异常所致。

② 温度控制仪表发生高频异常波动时，通常是 PID 参数设置不当所致。

③ 温度控制仪表发生比较明显的缓慢波动时，一般是由工艺操作方面的变动所引起的。若可排除工艺操作方面的影响，则可能是仪表控制系统出现了故障。

在确定了故障原因后，若是工艺原因，则调节工艺参数至正常范围；若是仪表原因，则需由生产调度联系仪电部门至故障仪表现场维修，如果短时间内不能解决，需先切换至副线以保证装置正常生产。

3. 公用工程异常处置

化工生产涉及的公用工程较多，包括电、水、氮气、压缩空气、水蒸气等供应，掌握各个公用工程易发生供应故障的原因与快速处理措施，能够有效保证生产的顺利进行。

（1）气体供应故障（压缩空气、氮气等）　如果是管道泄漏，应该在确定可以关闭的时候进行检修。若是制氮装置或空压机等设备发生故障，可以在短时间内修理，只需停止不影响生产的设备装置进行快速修理，若短时间解决不了，只能上报公司并停产检修。

（2）电力故障　出现电力故障后，总变电站的工作人员要立即向调度室报告，调度室接到事故报告后，要立即通知各个车间的负责人员，使车间人员能够第一时间应对停电故障，确认启动 UPS 备用电源和柴油发电机应急电源，将需要保持运行的动设备重新启用，并快速展开调查，查明事故出现的原因和地点，修理完毕供电后，要检查相应设备的通电与启动情况。

（3）循环水供应故障　如果是循环设备发生故障而导致循环水不能正常供应，应该立即启用备用设备，再对故障设备进行检修，若不能立即恢复水压，需降量生产。若长时间不能恢复循环水供应，装置紧急停工。

（4）供汽车间发生供应故障　如果故障发生在供汽锅炉或是供汽管线上，首先要查询动力车间，并核实恢复供汽的具体时间，同时按照重要性顺序停止部分次要生产装置用汽。

如果故障是由于减压阀门自动关闭，则要通知仪表维修工作人员进行快速抢修，故障阀门尽量在最短的时间内还原，在维修的过程中，先要停止除关键装置以外的其他用汽的装置与程序，尽量减小对生产的影响。

二、化工生产异常处理原则

首先维持装置正常运行、参数稳定，再维修或更换故障设备或仪表；若无法维持运行，则局部停车。

（1）可以立即解决的故障不用切换。

（2）不能立即解决的故障应立即切换。

（3）切换后仍然不能解决的考虑紧急停工，启动应急预案。

（4）确保人身、装置安全。

拓展知识　化工生产过程的"本质安全"

安全技术的进步是防范和化解安全生产风险的重要途径，过程强化、风险感知与监测预警、风险管控与处置等一系列技术手段能够有效降低和控制安全风险，实现化工生产过程的本质安全化。

1. 什么是本质安全

本质安全（intrinsic safety）是化工过程安全领域的一个概念，它强调通过过程设计来消除或减少危险，而不是依靠控制手段（如检测器、报警器和安全阀）来管理危险。化工过程全生命周期的本质安全如图 3-6 所示。

2. 如何实现本质安全

化工过程的本质安全主要从三个方面实现。

（1）通过提高工艺技术本身的安全性，从源头上降低风险；

（2）在装置运行过程中，运用工业互联网、人工智能等手段对风险进行实时感知和监测预警；

（3）采取有效的管控和处置措施对装置重大风险进行控制。

将上述技术手段反复迭代，实现化工过程的安全风险渐次降低，不断提升本质安全水平。

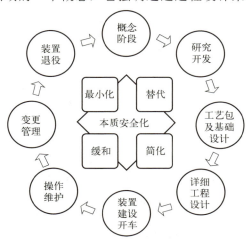

图3-6　化工过程全生命周期本质安全

3. 本质安全的最新技术进展有哪些

（1）本质安全工艺技术　通过提高生产效率，降低工艺设备尺寸、危化品存量和能量

图3-7　微反应器

消耗，提升化工过程的安全性。以微反应技术为例，当反应器（图3-7）微通道尺寸降低到微米级别时，反应器内比表面积和物料相的界面面积显著增加，传热和传质的效率比传统反应器提升 1~2 个数量级，从而显著降低了危险工艺过程的火灾爆炸风险。此外，等离子体技术、超重力反应技术、反应介质强化技术等新技术的应用，为解决化工装置的安全问题提供了新思路，从源头上提高过程的安全性。

（2）风险感知与监测预警技术　化工装置运行中，对异常工况进行风险的早期监测和感知至关重要。随着信息化技术的不断应用，化工过程风险感知与监测预警技术实现快速发展。

以催化裂化装置为例，构建反应器、分馏单元等系统的数字孪生模型，可实现深层信息感知、性能趋势预测、异常监测预警和操作优化指导，助力装置长周期安全平稳运行。

设备状态的在线监测是风险感知技术的发展方向。例如，可将机械振动参数的变化转换成电参数的变化传输至控制器，以判断大机组动设备异常工况；采用声波、声阻抗、张力等传感器可监测管道或设备腐蚀损伤情况及结构部件中的裂纹。

（3）风险管控与处置技术　化工装置事故现场环境极其复杂，难以获取现场数据。因此，有效地感知事故现场态势对科学研判事故发展趋势，高效指挥和调度，防止次生事故发生具有重要意义。红外侦测与无人机集成技术被用于事故现场远距离非接触侦检；视频智慧处理及结构化技术正不断促进事故现场重构与评估技术的升级换代；采用虚拟现实（VR）及交互式应急推演技术，可建立基于云架构的化学事故信息捕获与动态研判系统，解决事故现场数据融合与分发、事故动态研判与应急处置方案生成等技术性难题。

任务指导

1. 工艺参数异常处置

下面以自控阀故障为例介绍工艺参数的异常处置方法。

控制阀故障的应急处置

（1）发现异常　内操发现工艺参数异常，报告班长；并将调节器由自动改为手动。

（2）排查原因　班长组织内外操共同排查异常原因（必要时需要仪电人员诊断）。

（3）异常处置

① 维持生产正常运行（控制阀改副线操作）

a. 外操接到内操指令控制阀改副线。

b. 缓慢关小控制阀的上游阀，直至 DCS 流量指示有下降趋势。缓慢打开控制阀的副线阀，同时按内操指令缓慢关控制阀的上游阀，直至控制阀上游阀全关。

c. 按内操指令微调控制阀副线阀，稳定流量。

② 故障阀门处理

a. 切断气源。

b. 全关控制阀上下游阀，打开导淋阀，排尽待打开管线的物料，放尽物料并判断无内漏后方能修理。（必要时冲洗或吹扫）

c. 对连通管线阀门上锁挂牌。

d. 维修或更换。

③ 副线改控制阀操作

a. 外操接到内操指令副线改控制阀。

b. 外操与内操联系对照控制阀的开度，确认行程正常后内操全关控制阀。

c. 外操缓慢将控制阀的上游阀全开，内操确认流量无变化。

d. 外操缓慢关控制阀的副线阀，同时内操根据流量的变化缓慢打开控制阀，保持流量的稳定，直至副线阀全关。

e. 内操调整流量正常后控制阀投自动。

循环冷却水
上水压力低

2. 公用工程异常处置

下面以循环水压低为例介绍公用工程的异常处置方法。

（1）当循环冷却水上水压力低时，内操与外操需先进行数据对比，预先判断压力低是否为假值。

（2）若确认假值，班长联系调度。

（3）安排维修工进行压力表的校对，待压力指示正常后调节循环冷却水量及压力至正常范围。

（4）若循环冷却水上水压力低时，班长应立即联系调度及循环冷却水装置，确保循环冷却水供水稳定，通知上级领导，如实反映实际情况。

（5）内操平稳操作，可根据工艺状况适当降低生产负荷，以降低冷却器的冷却负荷。

（6）外操至现场，配合内操工作，逐一排查故障点，确认循环冷却水系统故障点后报告调度，请专业人员进行故障维修维护。

（7）根据出现异常的可能原因，具体处理方法见表 3-10。

表 3-10　循环冷却水上水压力低的原因及处理方法

故障	原因	处理方法
循环冷却水上水压力低	循环冷却水水泵故障	切换至备用泵
	循环冷却水水泵入口过滤网堵塞	在线清洗过滤网
	循环冷却水水池液位过低	及时补充新鲜水
	循环冷却水上水总管泄漏	及时查漏并堵漏
	循环冷却水用户增多	合理分配或增加循环冷却水流量满足需求
	水冷器管束内漏（热介质压力低于循环冷却水压力的水冷器），循环冷却水大量损耗	工艺条件满足的情况下切出内漏水冷器在线抢修
	水冷器循环冷却水进出口旁路连通阀开启过大（防冻防凝措施）	视气温关闭或关小连通阀

课后思考与探究

1. 化工生产异常处理的原则是什么？
2. 离心泵的常见异常有哪些？
3. 化工静设备常见的异常有哪些？
4. 装置运行中，如何判断自控阀故障？
5. 简述正副线切换的步骤。
6. 常见的公用工程异常有哪些？分别应如何应对？

任务五 装置突发事故应急处置

任务描述

化工装置运行过程中，遇到突发事故，立即启动应急预案，根据事故性质和现场情况，开展紧急停车、切断危险能量源、安全撤离人员、报警并通知相关人员等控制措施，进行事故处置。

任务目标

1. 会简述事故现场应急处置内容和程序。
2. 能迅速对火灾事故现场作出正确判断，正确使用灭火设备完成初期火灾扑救。
3. 能按照泄漏处置程序对泄漏现场进行处置，并将泄漏物及时处理。
4. 会评估事故现场，利用现场人力、物力进行现场急救。
5. 认同应急预案的重要性，具备居安思危、风险防范意识。
6. 在突发事故发生时能遵守预案、服从指挥，做到冷静、科学应对。

基础知识

一、化工事故的定义及特点

化工事故是指化工生产过程中，由于化学物质的泄漏、溢出、着火、爆炸、毒性或其他原因引发的导致人身伤亡、财产损失或环境污染的突发事件。

化工事故的特点通常包括：

（1）突发性 化工事故往往发生速度极快，很多情况下给预测和响应留下的时间非常短。

（2）复杂性 涉及的化学物质多种多样，作用机理复杂，事故形态和后果多变，难以用单一模型描述。

（3）链式效应 化学品事故常会引发连锁反应，导致次生事故的发生，如爆炸引发火灾，毒气扩散等。

（4）累积性 化工事故可能带来长期的环境和健康影响，某些化学事故导致的环境破坏和人员伤害是不可逆的。

（5）社会影响性 化工事故不仅对生产企业和直接受害者造成影响，还可能引起社会公众的恐慌，对社会稳定和公共安全造成威胁。

正确应对突发事故能够有效地控制事故发展，最大程度地减轻事故对人员、环境和财产的损害。控制影响范围，保护公众健康和公共安全。

二、事故现场应急处置内容

根据《生产经营单位生产安全事故应急预案编制导则》（GB/T 29639—2020），事故现场应急处置主要包括以下内容：

① 事故应急处置程序　根据可能发生的事故及现场情况，明确事故报警、各项应急措施启动、应急救护人员的引导、事故扩大及同企业应急预案衔接的程序。

② 现场应急处置措施　针对可能发生的火灾、爆炸、危险化学品泄漏、坍塌、水患、机动车辆伤害等，从人员救护、工艺操作、事故控制、消防、现场恢复等方面制定明确的应急处置措施。

③ 明确基本信息　明确报警负责人和报警电话、上级管理部门以及相关应急救援单位联系人和联络方式，同时了解事故报告的基本要求和内容。

三、事故现场应急处置过程

在事故现场抢险中，尽管由于发生事故的单位、地点、化学介质的不同，抢险程序会存在差异，但一般都是由接报、调集抢险力量和事故现场应急处置等步骤组成。其中事故现场应急处置一般按照现场设点、询情和侦检、隔离与疏散、防护、现场急救等步骤进行。

1. 现场设点

现场设点指各救援队伍进入事故现场，选择有利地形设置现场救援指挥部或救援急救医疗点。各救援点的位置选择关系到能否有序开展救援和保护自身的安全。救援指挥部、救援急救医疗点的设置应考虑以下几项因素：

① 地点。选择上风向的非污染区，需要注意不要远离事故现场，便于指挥和救援工作的实施。

② 路段。应选择交通路口，利于救援人员或转送伤员的车辆通行。

③ 条件。指挥部、救援急救医疗点，可设在室内或室外，尽可能利用原有通信、水和电等资源，有利于救援工作的实施。

④ 标志。指挥部、救援急救医疗点，均应设置醒目的标志，方便救援人员和伤员识别。悬挂的旗帜应用轻质面料制作，以便救援人员随时掌握现场风向。

2. 询情和侦检

采取现场询问和现场侦查的方法，充分了解和掌握事故的具体情况、危险范围、潜在险情（如爆炸、中毒等）。

询情主要通过询问亲历者、目击者或受害人等途径获取信息，了解事故的基本情况以及掌握现场的直接危害和隐患。询情能够快速获取信息，帮助救援人员制定初步的应对措施，但同时需要救援人员具备良好的沟通技巧和分析能力。

侦检是指在确保现场和受害人安全的前提下，对事故原因、影响范围以及后续处理方案等进行详细调查和分析，以确保救援措施的科学合理性和有效性，是危险物质事故抢险处置的首要环节。侦检过程中，利用检测仪器检测事故现场危险物质的浓度、强度以及扩散、影响范围，并做好动态监测。根据事故情况不同，可以派出若干侦查小组，对事故现场进行侦查，每个侦查小组至少应有 2 人。

3. 隔离与疏散

（1）建立警戒区域　事故发生后，应根据所涉及的范围建立警戒区，并在通往事故现场的主干道上实行交通管制。建立警戒区时注意事项如下：

① 警戒区域的边界应设警示标志，并有专人警戒；

② 除消防、应急处置人员以及必须坚守岗位的工作人员外，其他人禁止进入警戒区；

③ 泄漏溢出的化学品为易燃物品时，区域内应禁火种。

（2）紧急疏散　迅速将警戒区及污染区内与事故应急处置无关的人员撤离，以减少不必要的人员伤亡。紧急疏散应注意的事项如下：

① 如事故物质有毒时，需要佩戴个体防护用品或采用简易有效的防护措施，并有相应的监护措施；

② 应向侧上风方向转移，明确专人引导和护送疏散人员到达安全区，并在疏散或撤离路线上设立哨位，指明方向；

③ 要查清是否有人留在污染区或着火区。

4. 防护

根据事故泄漏或产生物质的危害性及划定的危险区域，确定相应的防护等级，并根据防护等级按标准配备相应的防护器具。

5. 现场急救

在事故现场，危险化学品等危险、有害因素对人体可能造成的伤害有中毒、窒息、冻伤、化学灼伤、烧伤等。在事故发生后，迅速采取措施对伤员进行紧急救治。主要包括以下方面：

（1）现场安全保障　首先要保障现场安全，尽可能避免二次事故的发生。如关闭有害气体扩散通风系统、切断电源等措施。

（2）伤员救护　尽快将伤员转移至安全区域，对伤员进行评估和初步治疗，尽量减轻其伤害程度。如清理外部可见的异物、止血等。

（3）中毒处理　对中毒伤者应立即转移至空气流通区，协助呼吸，及时采取解毒治疗，可以采取氧疗、注射解毒剂等手段。

（4）烧伤处理　对于烧伤伤员要立即采取最优质的处理，如：用大量冷水洗涤烧伤部位，使用结合型敷料进行封闭、保暖。

（5）污染防范　如果事故导致环境、空气、水质受到污染，要尽快对污染源进行封闭或隔离，切断污染扩散途径。

（6）通报报告　及时向上级主管部门和相关单位报告事故发生的情况，请求支援和协助。

四、典型事故的应急处置

按照理化表现，化工装置事故可分为火灾爆炸事故、泄漏中毒事故和其他事故。

典型事故的
应急处置

（一）火灾爆炸事故现场应急处置

应急人员到达火灾事故现场后必须尽快成立指挥部，进行信息收集和事故评价，在"以人为本、安全第一、生命至上"的前提下，做出快速反应，研究制定灭火方案。

1. 事故现场应急处置程序

火灾爆炸事故现场应急处置程序如图 3-8 所示。

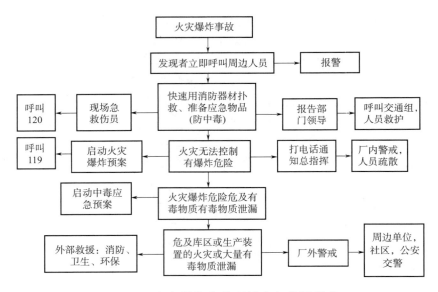

图3-8　火灾爆炸事故现场应急处置程序

2. 事故现场应急处置措施

发生火灾后，应迅速组织人员对装置采取准确的操作措施、工艺措施和现场处置，利用现有的消防设施进行灭火。若火势一时难以扑灭，要采取防止火势蔓延的措施，保护要害部位，转移危险物质。在场操作者应迅速采取如下措施：

（1）操作措施

① 迅速查清着火部位、着火物及来源，准确关闭有关阀门，切断物料来源及加热源。

② 开启消防设施，进行冷却或隔离。

③ 关闭通风装置防止火势蔓延。

④ 压力容器内物料泄漏引起的火灾，应切断进料并及时开启泄压阀门，进行紧急排空；为了便于灭火，将物料排入火炬系统或其他安全部位。

⑤ 现场当班人员要及时作出是否停车的决定，并及时向救援领导小组报告情况和消防部门报警。

（2）工艺措施　立即停止投料，采取措施迅速降温降压，必要时打开放料阀，将反应装置中的物料缓缓放入准备好的容器中，防止反应釜急剧升温升压，引起爆炸。

（3）现场处置

① 对于有火灾爆炸危险的化学品进行有效防护或撤离到安全处。

② 对于有火灾爆炸危险的有毒物质的泄漏，在处理时要采用不产生火花的工具和防静电工作服，并准备好足够的消防器材。

③ 要特别注意火灾爆炸的化学品物质与其灭火剂的适应性，严禁使用与化学品相抵触的灭火剂，以免发生更大的伤害和危害。

（二）泄漏中毒事故现场应急处置

当危险化学品从其储存的设备、输送的管道及盛装的容器中外泄时，极易引发中毒、火灾、爆炸及环境污染事故。化工厂易燃、易爆或有毒气体的泄漏则严重地影响生产，甚至威胁到财产安全和员工的生命安全。

1. 事故现场应急处置程序

泄漏中毒事故现场应急处置程序如图 3-9 所示。

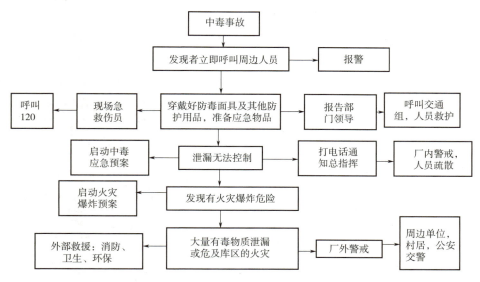

图3-9　泄漏中毒事故现场应急处置程序

2. 事故现场应急处置措施

（1）泄漏控制技术　泄漏控制技术是指通过控制危险化学品的泄放和渗漏，从根本上消除危险化学品的进一步扩散和流淌的措施和方法。泄漏控制技术应遵循"处置泄漏，堵为先"的原则。当危险化学品泄漏时，如果能够采用带压密封技术来消除泄漏，那么就可能降低甚至省略事故抢险中的隔离、疏散、现场洗消、火灾控制和废弃物处理等环节。

① 关阀制漏法。管道发生泄漏时，泄漏点如处在阀门之后且阀门尚未损坏，可采用关闭输送物料管道阀门、断绝物料源的措施制止泄漏。但在关闭管道阀门时，必须设开花水枪或喷雾水枪掩护。如果泄漏点位于阀门的上游，即属于阀门前泄漏，这时应根据气象情况，从上风向逼近泄漏点，实施带压堵漏。

② 带压堵漏（带压密封技术）法。管道、阀门或容器发生泄漏时，且泄漏点处在阀门以前或阀门损坏，不能关阀制漏时，可使用各种针对性的堵漏器具封堵泄漏口，控制泄漏。

安全广播

　带压堵漏之前，要对漏点周围进行测厚，判断泄漏是不是因设备减薄造成的，避免带压堵漏期间造成更大的泄漏事故。

不同形式泄漏的堵漏方法如表 3-11 所示。

③ 倒灌法。如果采用上述的堵漏方法不能制止储罐、容器或装置泄漏时，可采用疏导的方法，通过输转设备和管道将泄漏内部的液体从事故储运装置倒入安全装置或容器内，以消除泄漏源，控制险情。

表 3-11　不同形式泄漏的堵漏方法

部位	泄漏形式	方法
罐体	砂眼	螺钉加黏合剂旋进堵漏
	缝隙	使用外封式堵漏袋、电磁式堵漏工具组、粘贴式堵漏密封胶（适用于高压）、潮湿绷带冷凝法或堵漏夹具、金属堵漏锥堵漏
	孔洞	使用各种木屑、堵漏夹具、粘贴式堵漏密封胶（适用于高压）、金属堵漏锥堵漏
	裂口	使用外封式堵漏袋、电磁式堵漏工具组、粘贴式堵漏密封胶（适用于高压）堵漏
管道	砂眼	螺钉加黏合剂旋进堵漏
	缝隙	使用外封式堵漏袋、电磁式堵漏工具组、粘贴式堵漏密封胶（适用于高压）、潮湿绷带冷凝法或堵漏夹具、金属堵漏锥堵漏
	孔洞	使用各种木屑、堵漏夹具、粘贴式堵漏密封胶（适用于高压）、金属堵漏锥堵漏
	裂口	使用外封式堵漏袋、电磁式堵漏工具组、粘贴式堵漏密封胶（适用于高压）堵漏
阀门	断裂	使用阀门堵漏工具组、注入式堵漏胶、堵漏夹具堵漏
法兰	连接处	使用专门法兰夹具、注入式堵漏胶堵漏

④ 转移法。如果储罐、容器、管道内的液体泄漏严重而又无法堵漏或者倒灌时，应及时将事故装置转移至安全地点处，尽可能减少泄漏的量。首先应在事故地点周围的安全区域修建围堤或处置地，然后将事故装置及内部的液体导入围堤或者处置地内，再根据泄漏液体的性质采用相应的处置方法。

⑤ 保护性燃烧法。当无法有效实施堵漏或倒灌处置时，可采取点燃措施使泄漏出的可燃性气体或挥发性可燃液体在外来引火物的作用下形成稳定燃烧，控制其泄漏，减小或消除泄漏毒气的危害程度和范围，避免易燃和有毒气体扩散后达到爆炸极限而引发燃烧爆炸事故。

（2）泄漏物处置技术　现场泄漏的危险化学品要及时进行覆盖、收容、稀释、处理，使泄漏物得到安全可靠的处置，防止二次事故的发生。泄漏物处置主要方法如下：

① 围堤与沟槽堵截。修筑围堤是控制陆地上的液体泄漏物常用的收容方法，常用的围堤有环形、直线形、V形等。挖掘沟槽同样是控制陆地上的液体泄漏物常用的收容方法，通常根据泄漏物的流动情况挖掘沟槽收容泄漏物。如果泄漏物沿一个方向流动，则在其流动的下方挖掘沟槽；如果泄漏物是四散而流，则在泄漏点周围挖掘环形沟槽。

② 稀释与覆盖。为减少大气污染，通常是采用水枪或消防水带向有害物蒸气云喷射雾状水，加速气体向高空扩散，使其在安全地带扩散。在使用这一技术时，将产生大量的污水，因此应疏通污水排放系统。对于可燃物，也可以在现场施放大量水蒸气或氮气，破坏其燃烧条件。

对于液体泄漏，为了降低物料向大气中的蒸发速度，可使用泡沫、干砂、石灰等进行覆盖，阻止泄漏物的挥发，降低泄漏物对大气的危害和泄漏物的燃烧性。

③ 收容。对于大量液体泄漏，可选择用隔膜泵将泄漏出的物料抽入容器内或槽车内；当泄漏量小时，可用沙子、吸附材料、中和材料等吸收中和。

④ 固化。通过能与泄漏物发生化学反应的固化剂或稳定剂使泄漏物转化成稳定形式，以便于处理、运输和处置的方法称为固化。常用的固化剂有水泥、凝胶、石灰等。

⑤ 低温冷却。低温冷却是将冷冻剂散布于整个泄漏物的表面上，减少有害泄漏物的挥发。在许多情况下，冷冻剂不仅能降低有害泄漏物的蒸气压，而且能将泄漏物固定住。

⑥ 废弃。将收集的泄漏物运至废物处置场所处置。用消防水冲洗剩下的少量物料，冲洗水排入含油污水系统处理。

五、事故现场洗消

洗消是消除受污染物品和受污染区域危害的主要措施。危险化学品事故发生后，事故现场及附近的道路、空气、水源、土壤都有可能受到严重污染，若不及时进行洗消，污染会迅速蔓延，造成更大危害。同时对处理过程中使用过的应急设施进行更新和维护。

六、撤点

撤点是指应急救援工作结束后，离开现场或救援的临时性转移。

拓展知识　事故应急预案的编制

（依据《生产经营单位安全生产事故应急预案编制导则》）

1. 概念区分

应急预案
• 针对可能发生的事故，为最大程度减少事故损害而预先制定的应急准备工作方案。

应急演练
• 针对可能发生的事故情景，依据应急预案而模拟开展的应急活动。

应急响应
• 针对事故险情或事故，依据应急预案采取的应急行动。

应急预案评审
• 对新编制或修订的应急预案内容的适用性所开展的分析评估及审定过程。

2. 应急预案的编制流程

（1）成立应急预案编制工作组。

（2）资料收集。

（3）风险评估。

（4）应急资源调查。

（5）应急预案编制。

（6）桌面推演。

（7）应急预案评审。

（8）批准实施。

3. 综合应急预案的主要内容

（1）总则

① 编制目的。简述应急预案编制的目的。

② 编制依据。简述应急预案编制所依据的法律、法规、规章、标准和规范性文件以及相关应急预案等。

③ 适用范围。说明应急预案适用的工作范围和事故类型、级别。

④ 应急预案体系。说明生产经营单位应急预案体系的构成情况，可用框图形式表述。

⑤ 应急预案工作原则。说明生产经营单位应急工作的原则，内容应简明扼要、明确具体。

（2）事故风险描述　简述生产经营单位存在或可能发生的事故风险种类、发生的可能性以及严重程度及影响范围等。

（3）应急组织机构及职责　明确生产经营单位的应急组织形式及组成单位或人员，可用结构图的形式表示，明确构成部门的职责。应急组织机构根据事故类型和应急工作需要，可设置相应的应急工作小组，并明确各小组的工作任务及职责。

（4）预警及信息报告

① 预警。根据生产经营单位检测监控系统数据变化状况、事故险情紧急程度和发展势态或有关部门提供的预警信息进行预警，明确预警的条件、方式、方法和信息发布的程序。

② 信息报告

a. 信息接收与通报。明确24h应急值守电话、事故信息接收、通报程序和责任人。

b. 信息上报。明确事故发生后向上级主管部门、上级单位报告事故信息的流程、内容、时限和责任人。

c. 信息传递。明确事故发生后向本单位以外的有关部门或单位通报事故信息的方法、程序和责任人。

（5）应急响应

① 响应分级。针对事故危害程度、影响范围和生产经营单位控制事态的能力，对事故应急响应进行分级，明确分级响应的基本原则。

② 响应程序。根据事故级别的发展态势，描述应急指挥机构启动、应急资源调配、应急救援、扩大应急等响应程序。

③ 处置措施。针对可能发生的事故风险、事故危害程度和影响范围，制定相应的应急处置措施，明确处置原则和具体要求。

④ 应急结束。明确现场应急响应结束的基本条件和要求。

（6）信息公开　明确向有关新闻媒体、社会公众通报事故信息的部门、负责人和程序以及通报原则。

（7）后期处置　主要明确污染物处理、生产秩序恢复、医疗救治、人员安置、善后赔偿、应急救援评估等内容。

（8）保障措施

① 通信与信息保障。明确可为生产经营单位提供应急保障的相关单位及人员通信联系方式和方法，并提供备用方案。同时，建立信息通信系统及维护方案，确保应急期间信息通畅。

② 应急队伍保障。明确应急响应的人力资源，包括应急专家、专业应急队伍、兼职应

急队伍等。

③ 物资装备保障。明确生产经营单位的应急物资和装备的类型、数量、性能、存放位置、运输及使用条件、管理责任人及其联系方式等内容。

④ 其他保障。根据应急工作需求而确定的其他相关保障措施（如：经费保障、交通运输保障、治安保障、技术保障、医疗保障、后勤保障等）。

（9）应急预案管理

① 应急预案培训。明确对生产经营单位人员开展的应急预案培训计划、方式和要求，使有关人员了解相关应急预案内容，熟悉应急职责、应急程序和现场处置方案。如果应急预案涉及社区和居民，要做好宣传教育和告知等工作。

② 应急预案演练。明确生产经营单位不同类型应急预案演练的形式、范围、频次、内容以及演练评估、总结等要求。

③ 应急预案修订。明确应急预案修订的基本要求，并定期进行评审，实现可持续改进。

④ 应急预案备案。明确应急预案的报备部门，并进行备案。

⑤ 应急预案实施。明确应急预案实施的具体时间、负责制定与解释的部门。

任务指导

下面以液态乙烯泄漏为例进行分析处理。

1. 当无火焰并且泄漏量小可接受时

① 报告内操及班长。

② 戴好正压式呼吸器至相关区域，拉警戒线，防止无关人员进入。

③ 用手持式可燃气体检测仪持续检测，等候进一步安排处理。

2. 当无火焰但是泄漏量大不可接受时

① 外操工应与漏点保持安全距离，不要去盲目处理，因为随时会燃烧或爆炸，报告内操及班长，佩戴正压式呼吸器，穿阻火服，用手持式可燃气体检测仪持续检测周围环境。

② 拉警戒线，用蒸汽皮龙对泄漏点进行吹扫稀释，形成惰性化环境，控制影响范围。

③ 汇报上级，安排泄漏系统停车，隔离、泄压、钝化后对漏点进行物料隔断，等候下一步安排处理。

3. 当有火焰并且火势可控时

① 与漏点保持安全距离，不要去盲目处理，报告内操和班长。

② 汇报上级启动应急预案，消防力量就位以防万一。

③ 安排对泄漏系统停车隔离、钝化后对漏点进行警戒隔离，隔离期间全程保持正压。

④ 外操佩戴正压式呼吸器，穿阻火服，待火苗消失后，对泄漏点进行吹扫稀释，形成惰性化环境控制影响范围，拉警戒线，防止无关人员进入，等候下一步安排处理。

4. 当有火焰并且火势不可控时

① 该情况属于火灾，马上汇报并撤离到安全区域。

② 启动应急预案，疏散人员，拨打 119 火警电话。

③ 工厂紧急停车，防止火灾进一步扩大，配合消防力量进行施救行动。

课后思考与探究

1. 简述化工生产事故的一般处置流程。
2. 简述火灾事故现场应急处置一般流程。
3. 简述泄漏中毒事故现场应急处置一般流程。
4. 泄漏控制的方法有哪些？
5. 泄漏危险化学品的处置方法有哪些？

学习情境四
装置停车

按照装置工艺技术规程、岗位操作法、标准操作程序等文件的指令，将装置安全、平稳地停车。停车后对装置进行工艺处理，隔离危险能量，为安全检修做好准备。

学习目标：
- 知晓停车过程风险和检修风险。
- 能根据装置停车操作规程规范进行停车操作。
- 能根据检修要求进行装置停车后处理。

任务一　装置停车操作

　　间歇装置完成一批料的生产后需停车并准备下一批生产；连续装置在长时间运行、遇到故障等情况下，需要进行局部停车或全面停车进行检维修。在工艺技术规程的指导下，根据岗位操作法进行停车操作，平稳、安全地使装置达到停止生产状态。

任务目标

1. 能简述停车前的准备工作。
2. 能说出装置停车一般程序。
3. 能说出典型单元系统停运的方法。
4. 能按工艺技术规程和岗位操作法，班组成员协作完成装置停车操作。
5. 在停车操作过程中，敬畏制度，严格遵守操作规程。

基础知识

一、装置停车的定义

　　化工装置停车是指化工生产中因维护、检修等需要暂时关闭生产装置，停止生产活动的过程，分为常规停车和紧急停车两类。

　　常规停车是指化工装置试车进行一段时间后，因装置检修、预见性的公用工程供应异常或前后工序故障等所进行的有计划的主动停车。

　　紧急停车是指化工装置运行过程中，突然出现不可预见的设备故障、人员操作失误或工艺操作条件恶化等情况，无法维持装置正常运行造成的非计划性被动停车。紧急停车分为局部紧急停车、全面紧急停车；局部紧急停车是指生产过程中，某个部分设备或某个部分生产系统的紧急停车，全面紧急停车是指生产过程中，整套生产装置系统的紧急停车。

二、装置停车前的准备工作

1. 编写停车方案

停车风险及应急预案

　　装置在停车过程中，在较短的时间里，操作上要不断进行重大改变，各部分温度、压力、流量、液位等不断变化，操作人员塔上塔下连续检查，要开关很多阀门，因此劳动强度大，精神很紧张。虽然有操作规程，但为了避免差错，还应当结合停车的特点和要求，制定出一个正确指导停车操作的"停车方案"。

　　停车方案应根据工艺流程、工艺条件和原料、产品、中间体的性质及设备状况制定，应包括停车人员分工、操作步骤、操作规程、应急预案等方面。

加油站

化工装置停车方案主要内容

- 停车的组织、人员与职责分工。
- 停车的时间、步骤、工艺变化幅度、工艺控制指标、停车顺序表以及相应的操作票证。
- 停车所需的工具和测量、分析等仪器。
- 化工装置的隔绝、置换、吹扫、清洗等操作规程。
- 化工装置和人员安全保障措施和事故应急预案。
- 化工装置内残余物料的处理方式。
- 停车后的维护、保养措施。

2. 做好检修期间的劳动组织及分工

根据装置的特点、检修工作量大小、停车时的季节及员工的技术水平，合理调配人员。要分工明确，任务到人，措施到位，防止忙乱出现漏洞。在检修期间，除派专人与施工单位配合检修外，各岗位、控制室均应有人坚守岗位。由于炼油、乙烯、化肥、化纤和合成橡胶等各装置具体情况不同，其劳动组织也应依照各自的具体情况而定。

3. 对设备内部进行检查鉴定

装置停车初期，要组织技术水平高的有关人员，对设备初步进行检查鉴定，以尽早提出新发现的检修项目，便于备料施工，消除设备内部缺陷，保证下个开工周期的安全生产。

4. 做好停车检修前的组织动员

在停车前要进行一次大检修的动员，使全体人员都明确检修的任务、进度，熟悉停车方案，重温有关安全制度和规定，对照过去的经验教训，提出停车可能出现的问题，制定防范措施，进行事故预警，克服麻痹思想，为安全停车和检修打下扎实的基础。

三、装置停车的步骤

装置停车

停车方案一经确定，应严格按照停车方案确定的时间、停车步骤、工艺变化幅度，以及确认的停车操作顺序图表，有秩序地进行。装置停车时，操作人员要在较短的时间内开关很多阀门和仪表，密切注意各部位温度、压力、流量、液位等参数变化。为了防止出现过失，停车时必须按确定的方案进行。一般来说，停车主要包括泄压、降温、退料等环节。

1. 泄压

系统泄压要严格按照规程进行，由高压缓慢降至低压，并注意压力不得降至零，更不能造成负压，一般要求系统内保持微弱正压。在未泄压前，不得拆动设备。

2. 降温

降温的速度不宜过快，尤其在高温条件下，温度骤变会造成设备和管道变形、破裂，引起易燃易爆、有毒介质泄漏而发生着火爆炸或中毒事故。应按规定的降温速率进行降温，保证达到规定要求。高温设备不能急骤降温，避免造成设备损伤，以切断热源后强制通风或自然冷却为宜，一般要求设备内介质温度低于 60℃。

高温真空设备要恢复至常压！

安全广播

高温真空设备的停车，必须先破坏真空恢复常压，待设备内介质温度降到自燃点以下时方可与大气相通，以防设备内的燃爆。否则在负压下介质温度达到或高于自燃点，空气吸入会引起爆炸事故。

3. 退料

生产系统停车时，为确保后续检修工作的安全，要进行退料，排净设备、管道内贮存的气、液、固体物料。对残存物料的排放，应采取相应措施进行回收或稀释。退料时需注意：

（1）退料操作中，更适合采用工艺流程上的机泵来外甩物料，退料期间防止负压及憋压而损坏设备。

（2）易燃易爆物料退料操作中，防止空气进入设备，防止物料就地排放。

（3）装置设备和管线内储存的物料在停车过程中要完全排尽，以免造成检修事故。

（4）由于退料管线堵塞、机泵损坏、物料凝固等引起的容器内物料排不净，应通过疏通临时管线、加热、溶解、升压等手段将物料退尽。

（5）不得随意打开顶底放空、就地排放或排入下水道中，以免造成环境污染或者发生事故。

四、装置停车确认

为确保停车工作安全平稳，在停车前，需对方案、人员、工具、关联部门沟通协调等做好准备；停车后，需对装置设备、电气仪表、工艺参数、公用工程、阀门开关等状态进行检查确认。可借助于停车确认表（表 4-1）一一确认，避免由于工作疏漏导致事故。

表 4-1　某装置停车确认表（部分）

停车项目名称：　　　　　　　　　　　　日期：

班长		班组成员			
仪表负责人		电气负责人		设备负责人	
安全部负责人		机修人员		分析人员	

预计停车时间：　　　　　　　条件确认时间：

	停车前应满足的条件	是否满足	确认人
停车条件确认	是否有合理的应急预案，编制并落实了停车方案	□是　□否	
	岗位人员及车间领导是否到位	□是　□否	
	相关联车间是否联系并做好准备	□是　□否	
	停车所需工具配备是否到位	□是　□否	
	室内外道路是否保证畅通	□是　□否	
	必要时停止一切检修作业，无关人员不准进入现场	□是　□否	
	条件确认结果总结：现有条件是否满足停车要求　　　□是　□否		
	车间主任：		

续表

停车条件确认	停车后满足的条件	是否满足	确认人
	各种机电设备及电气仪表等是否处在停运状态	□是　□否	
	阀门开闭状态是否处于停车后状态	□是　□否	
	液位、温度、压力、流量等工艺参数是否符合停车后正常状态	□是　□否	
	水、电、汽等公用工程是否符合停车后状态	□是　□否	
	机、电、仪人员是否进行现场检查	□是　□否	
	停车记录是否完成	□是　□否	
	各种危险因素是否已消除或控制	□是　□否	

是否符合停车后状态　　　　　　　□　是　　　　□　否

车间主任：

五、典型单元系统停运

不同的单元系统对于停车的程序及处理有特定的要求，选取以下典型单元系统加以介绍。

1. 换热系统停车

应先停高温流体，经过一定时间间隔再停低温流体，以确保停车安全。对于长期停车，应排净管道内介质，放空气体，有的要进行惰性气体置换，以确保设备检修的安全。

2. 精馏系统停车

（1）对于短期停车　停止进料、停止出料、停止加热，待塔顶无气相时停止冷凝冷却，待精馏塔顶冷却至规定温度后停回流。

（2）对于长期停车　停止进料，将塔顶出料切换进入事故罐，直到蒸出的物料符合停车要求时再停止加热，待塔顶无气相时停止冷凝冷却，待精馏塔顶冷却至规定温度停用回流，待整个精馏塔完全冷却下来放净釜液，进行洗塔、置换及气体采样分析，符合要求后，长期停车结束。

3. 釜式反应器系统停车

停止加料、维持工艺要求的反应时间使反应结束。对于放热反应，夹套或盘管内冷却介质继续冷却；对于吸热反应，停止加热。

待釜内物料温度冷却至常温时，关闭冷却介质进口阀，打开放料阀边搅拌边放，待放完料，停止搅拌，关闭放料阀。对于有些反应需要洗釜时要进行洗釜。再检查一遍使各阀门处于开车状态。

4. 固定床反应器系统停车

停止进气，对于吸热反应，停止加热；对于放热反应，继续冷却。

（1）短期停车，应使反应器处于热态。

（2）长期停车，应使反应器继续冷却至常温，置换，取样分析，停车结束。

5. 离心泵停车

离心泵安装位置低于贮槽液面高度时，关闭进口阀；长期停车，需在关闭出口阀后，打开放净阀放净泵内液体，打开循环管路上的旁路阀，放净出口管路中的液体。

加油站

加热炉的停炉操作

加热炉的停炉操作，应按停车方案规定的降温曲线逐渐减少烧嘴。炉子负荷较大，火嘴较多，且进料非一路的，应考虑几路进料均匀降温，因此熄灭火嘴时应交叉进行。加热炉未全部熄火或者炉膛温度很高时，有引燃可燃气体的危险，此时装置不得进行排空和低点排凝，以防引起爆炸着火。

六、紧急停车

1. 紧急停车的概念

紧急停车是指化工装置运行过程中，突然出现不可预见的设备故障、人员操作失误或工艺操作条件恶化等情况，无法维持装置正常运行造成的非计划性被动停车。

紧急停车分为局部紧急停车、全面紧急停车。局部紧急停车是指生产过程中，某个（部分）设备或某个（部分）生产系统的紧急停车，全面紧急停车是指生产过程中，整套生产装置系统的紧急停车。

2. 紧急停车预案

针对化工装置紧急停车的不可预见性，企业应根据设计文件和工艺装置的有关资料，全面分析可能出现紧急停车的各种前提条件，提前编制好有针对性的停车处置预案。紧急停车处置预案应主要包括以下内容：

（1）能够导致化工装置紧急停车的危险因素辨识和分析。

（2）导致紧急停车的关键控制点和预先防范措施。

（3）各种工况下化工装置紧急停车时的人员调度程序、职责分工、紧急停车操作顺序和工艺控制指标。

（4）紧急停车后的装置维护措施。

（5）紧急停车后的人员安全保障措施。

3. 紧急停车注意事项

（1）发现或发生紧急情况，必须立即按规定向生产调度部门和有关方面报告，必要时可先处理后报告。

（2）发生停电、停水、停气（汽）时，必须采取措施，防止系统超温、超压、跑料及机电设备的损坏。

（3）出现紧急停车时，生产场所的检修、巡检、施工等作业人员应立即停止作业，迅速撤离现场。

（4）发生火灾、爆炸、大量泄漏等事故时，应首先切断气（物料）源，尽快启动事故应急救援预案。

发生紧急停车后，企业应组织人员深入分析工艺技术、设施设备、自动控制和安全联锁停车（ESD）系统等方面存在的问题，认真总结停车过程中和停车后各项应对措施的有效性和安全性，采取措施加以改进，避免或减少各类紧急停车事件的发生。

拓展知识 石油化工装置停车时"硫化亚铁"的危害

在原油开发生产过程中，随着设备设施的长期运行，石油、天然气中的硫对工艺设备和储罐设备的腐蚀也日益加重，其中比较常见的腐蚀产物硫化亚铁危害最大。

 事故警示

2012 年 8 月 19 日，某公司气站全站停机，石西集中处理站对两台除油器进行清洗，18：30 放压结束，对关联工艺管线进行隔离封堵后，打开除油器人孔，再次检查隔离封堵措施确定并无问题，准备用蒸汽车对除油器内进行蒸煮，就在此时现场监护人员突然发现 2# 除油器的人孔有黑烟冒出并带有刺激性气味。现场监护王某判断冒烟现象是由于打开人孔后，空气进入除油器内，与除油器内部罐壁的硫化亚铁发生氧化反应，放出大量热量引发硫化亚铁自燃，随即将现场情况逐级汇报，同时启动了应急预案。

1. 硫化亚铁产生途径

硫化亚铁（FeS）是黑褐色六方晶体，难溶于水，密度 $4.74g/cm^3$，熔点 1193℃。硫化亚铁产生的途径比较多，大致可归纳为以下几个方面：

（1）硫与铁直接发生化学反应生成硫化亚铁

化学反应方程式：$Fe+S \xrightarrow{\quad} FeS$

生成的硫化亚铁结构比较疏松，均匀地附着在设备及管道内表面，容易人工清除。

（2）大气腐蚀生成硫化亚铁

装置停工或闲置过程中，设备附件长期暴露于空气之中，会造成大气腐蚀，从而生成铁锈。铁锈由于不易彻底清除掉，在生产中就会与硫化氢作用生成硫化亚铁。

化学反应方程式为：

$$4Fe+3O_2+2H_2O \xrightarrow{\quad} 2Fe_2O_3+2H_2O$$
$$Fe_2O_3+H_2O+3H_2S \xrightarrow{\quad} 2FeS+4H_2O+S$$

该反应比较容易进行，防腐不好的设备产生硫化亚铁的可能性较大。

（3）电化学腐蚀反应生成硫化亚铁

当有水存在时，储存介质内含有的硫化氢和硫醇对油罐罐底、罐壁和罐顶内侧金属有很明显的腐蚀性，硫化氢溶于水并水解产生 HS^- 和 S^{2-}，电化学腐蚀产生 Fe^{2+}，Fe^{2+} 与 S^{2-} 及 HS^- 反应化学方程式为：

$$Fe^{2+}+S^{2-} \xrightarrow{\quad} FeS$$
$$Fe^{2+}+HS^- \xrightarrow{\quad} FeS+H^+$$

2. 硫化亚铁自燃机理

硫化亚铁及铁的其他硫化物在空气中受热或光照时，会发生如下反应：

$$FeS+3/2O_2 = FeO+SO_2+49kJ$$
$$2FeO+1/2O_2 = Fe_2O_3+271kJ$$
$$FeS_2+O_2 = FeS+SO_2+222kJ$$
$$Fe_2S_3+3/2O_2 = Fe_2O_3+3S+586kJ$$

根据燃烧理论，燃烧发生有3个基本条件，即：可燃物、助燃物、点火源。硫化亚铁自燃必须在以上3个条件具备的情况下才会发生。

3. 停工检修过程中注意事项

（1）停车前制定出预防硫化亚铁自燃事故预案。

（2）做好各塔容器的钝化处理。

（3）停车检修中控制可燃气体含量，防止因硫化亚铁自燃而发生着火爆炸事故。

（4）停车检修时应严格控制容器内温度。

（5）打开人孔前，仔细检查低点排污是否畅通，是否排尽残液，特别注意弯头、容器内部拐角等盲区，确保吹扫质量，防止残油及剩余油气的存在。

（6）加强对停车和检修现场的巡查，发现硫化亚铁自燃，应及时处理。

（7）可能含有硫化亚铁的管线或容器周围应有消防水，一旦发生硫化亚铁自燃，可用消防水进行冷却。

任务指导

1. 间歇反应釜退料操作

（1）准备工作

① 检查设备

a. 检查反应釜、真空系统（如果有）、管道和移动容器是否处于良好状态，确保无泄漏、无堵塞。

b. 确认所有连接部件（如法兰、接头、O形圈等）完好无损，密封可靠。

② 安全措施

a. 穿戴适当的个人防护装备（PPE），包括防护手套、护目镜、防护服等。

b. 确保现场配备必要的安全设施，如灭火器、应急洗眼器和急救箱等。

c. 确保工作区域干净整洁，地面无滑倒风险，确保无杂物影响操作。

（2）退料操作

① 若采用真空卸料

a. 连接管路。反应釜的卸料口与真空管路/软管连接，另一端与移动容器连接，确保连接紧密无泄漏。确认所有连接点的密封情况，确保无任何泄漏点。

b. 按照设备操作规程启动真空泵，逐渐建立真空。

c. 持续监控真空度，确保在安全范围内操作。

d. 缓慢开启反应釜的卸料阀门，控制物料流出速度。

e. 打开或调整真空控制阀，确保物料顺利流入移动容器。

f. 实时观察物料流入移动容器的情况，防止过满或堵塞。调整阀门开度或真空度以确保卸料过程平稳顺畅。

g. 退料完成后，按顺序关闭反应釜的卸料阀门、真空控制阀和真空泵。

h. 小心断开管路连接，防止残余物料泄漏。

i. 关闭移动容器的阀门，确保密封良好。

② 若采用压缩空气卸料

a. 连接管路。将反应釜的卸料口通过管道或软管连接至移动容器；将压缩空气管道连接至反应釜上的进气口。

b. 检查密封。确认所有连接点的密封情况，确保无任何泄漏点。

c. 确认压缩空气供应系统工作正常，压力适宜。检查压缩空气管路是否畅通，确保没有阻塞或泄漏。

d. 确认可调压阀和安全阀的正常工作，以控制和保护系统压力。

e. 逐步加压。打开压缩空气进气阀门，逐步增加空气压力，使压缩空气进入反应釜。

f. 观察反应釜内物料的流动情况，确保物料通过管道顺利进入移动容器。调整压缩空气的流量和压力以控制物料的流出速度，防止过快过慢。

g. 退料完成后，缓慢关闭压缩空气进气阀，逐步降低反应釜内压力。确认压力完全释放，确保安全后再继续操作。

h. 按顺序关闭反应釜的卸料阀门和移动容器的进口阀门。

i. 小心断开压缩空气管道和卸料管道，防止残余物料泄漏。一旦断开，关闭移动容器的阀门，确保密封良好。

（3）清理现场

① 清理反应釜、管路和移动容器上的残余物料，防止干结或污染。

② 确认所有设备和连接部件完好无损，准备好下次使用。

③ 检查现场是否有遗漏的物料或工具，确保一切安全无误。

通过这些步骤，可以安全有效地将反应釜中的物料利用真空或压缩空气转移到接料容器（如图4-1所示），确保每个操作步骤严格按规程执行，并随时注意安全是至关重要的。

反应釜安全检查

PPE穿戴(根据介质危险性)

真空/压缩空气连接至反应釜

卸料口连接至接料容器

图4-1 退料操作示意图

145

打开真空/压缩空气阀门

退料至接料容器

退料结束后拆除连接管

清理现场

图4-1　退料操作示意图（续）

2. 连续装置停车操作

（1）停车准备

① 班长

a. 确认停车计划。接受上级指令，确认停车计划和相关时间。

b. 协调沟通。通知相关部门和人员，包括生产、维护、仪表等岗位人员。

c. 检查设备运行状况。确认机器设备、阀门、管道等是否正常，记录当前生产参数。

d. 准备应急方案。确保应急预案和设备准备就绪，以防突发状况。

② 内操

a. 参数监控。持续监控DCS（分布式控制系统）上的各项参数，确保一切在可控范围内。

b. 确认操作步骤。确认停车操作规程，准备相关操作说明和文件。

③ 外操

a. 现场检查。巡回检查现场设备，确认无异常。

b. 紧固设备。紧固所有复杂设备、管道系统的连接处，确保无泄漏和松动。

c. 标识设备。在需要操作的设备上挂好标示牌（如操作中、警示等）。

（2）停车操作

① 班长

a. 协调指挥。根据实际情况，指挥内外操人员的操作，确保步骤有序。

b. 信息通报。随时通报操作进展和设备状态，调整操作计划。

② 内操

a. 逐步卸载。根据工艺要求，逐步减小装置负荷，降低流量、压力和温度。

b. 停止进料。按顺序停止进料，确保反应或加工的完成度。

c. 关闭设备。根据停车程序，依次关闭设备、泵和阀门。

d. 执行停运。确保关键设备按规程停运，记录所有关键数据。

③ 外操

a. 现场操作。根据内操指令，现场操作设备的阀门、泵和其他机电设备。

b. 确认状态。确认设备停止后的状态，将实际参数反馈给内操。

c. 清理现场。进行必要的清理工作，防止残留物影响设备运行。

这些步骤必须在遵守公司安全规程和操作标准的前提下进行，确保人员和设备安全得到充分保障。停车后，对整个停车过程进行评估，找出不足并加以改进，确保下次操作更加规范和安全。

🌀 课后思考与探究

1. 化工装置停车准备工作目的是什么？

2. 化工装置的隔绝、置换、吹扫、清洗等操作有何顺序要求？

3. 用氮气置换后的设备，如果检修时人要进入设备内工作，还需用压缩风吹扫，为什么？

4. 简述装置检修前的准备工作有哪些。

5. 查询国内外化工厂在停车期间发生的安全事故，制作 PPT 并展示：事故经过、直接原因、间接原因、事故教训等。

任务二　停车后装置处理

任务描述

化工装置停车后将进行局部或全面检修，检修往往需要进行破管、动火、盲板抽堵、进入设备内部等危险的作业，装置停车后，需对设备、管线、物料、电气开关等进行必要的处理，以确保检修过程的安全。

任务目标

1. 能概述停车后装置处理的一般步骤。
2. 会识别装置停车后的潜在风险。
3. 能列举置换、吹扫、清洗作业过程中常用的介质。
4. 能简述并执行上锁挂牌流程。
5. 能说出盲板抽堵作业流程。
6. 会制定停车后的处理方案并进行停车后的处理操作。
7. 敬畏制度，严格执行操作规程，分工合作完成停车后装置处理操作。

基础知识

在装置停车后，需要进行安全处理，以确保装置和工作人员的安全，停车后的安全处理主要步骤有：置换、吹扫、清洗、环境检测、能量隔离、个人防护，以及检修前生产部门与检修部门应严格办理检修交接手续等。

一、置换

1. 置换的定义

通过若干次重复充压、泄压操作，将化工装置管路、设备中的介质用另一种介质替换的做法。

2. 置换的目的

由于化工物料易燃易爆、有毒有害和化工产品高纯度要求，因此在化工装置停车后，为保证检修动火和进入设备内作业安全，需要对在检修范围内的所有设备和管线中的易燃易爆、有毒有害气体进行置换，防止产生爆炸性混合物和不必要的化学反应。

| 停车后检修前 | —— 先用惰性介质置换掉系统中的可燃物质，再用空气置换掉系统中的惰性介质。 |
| 检修后开车前 | —— 用惰性介质置换掉系统中的空气。 |

3.置换常用介质

对易燃、有毒气体的置换，大多采用蒸汽、氮气等惰性气体作为置换介质，要优先考虑用氮气置换。因为蒸汽温度较高，置换完毕后，还要凉塔，使设备内温度降至常温，也可采用注水排气法，将易燃、有毒气体排出。

> **安全广播**
>
> 水作为置换介质时，一定要保证设备内注满水，且在设备顶部最高处溢流口有水溢出，并持续一段时间，严禁注水未满。

4.置换的准备工作

（1）所有设备和管路安装吹扫合格，完成压力试验和气密性试验。
（2）仪表安装调试完成并投用。
（3）所有电器设备已安装调试完成。
（4）紧急切断阀、安全阀、调节阀等处于工作状态。
（5）保证惰性介质用量（一般为被置换介质容积的3倍）。
（6）被置换的设备、管道等与系统做好可靠隔离。
（7）制定置换方案，绘制置换流程图。

氮气置换

> ⚠ **事故警示**
>
> 某化肥厂原料车间，原料气柜钢板突然出现裂纹，合成氨系统被迫紧急停车，为减少经济损失，将生产甲醇系统的小气柜倒换给合成氨系统使用，为此进行小气柜加装盲板方案。在盲板抽堵作业之前，连续用氮气对煤气管道进行置换1.5h，由于氮气储备较少，作业时间较紧，没有继续置换就打开法兰，开始盲板抽堵作业，在用螺丝刀、刮刀清理法兰口时发生爆炸，5名检修工人，2名被炸成重伤，3名轻伤。

二、吹扫

1.吹扫的目的

化工装置停车后，需对设备和管道内没有排净的易燃、有毒液体进行吹扫。由于生产企业工艺和条件不同，所采用吹扫的介质也不尽相同。根据不同情况选择合适的吹扫介质，在不形成危险混合物以及非水敏性物料的前提下，可以采用压缩空气、蒸汽进行吹扫的方法清除。一般来说，炼油装置多用水蒸气吹扫置换，有机化工装置根据工艺要求多用氮气吹扫。

2.停车后吹扫的方法

（1）空气吹扫　空气吹扫是以空气为介质，经压缩机加压（通常为0.6～0.8MPa）后，对输送液体介质的管道吹除残留杂物的一种方法。采用空气吹扫，应有足够的气量，使吹扫气体的流动速度大于正常操作气体流速（一般不小于20m/s），以使其有足够的能量吹扫出管道和设备中的残余附着物，保证装置检修安全。因此必须保证足够的压力风量，才能保证吹扫质量。凡是与空气形成危险混合物的，不宜用压缩空气吹扫。

（2）氮气吹扫　氮气由于其惰性，可以用来有效地替换工业过程中的氧气和其他助长氧化的气体，而不会与底层物质发生化学反应。氮气占大气层的近78%，使其随时可用。通过现场制氮系统，可以确保为吹扫系统提供稳定的氮气供应。

 注意

氮气无毒，不可燃，在我们赖以生存的空气中含量高达78%，但是在化工生产或检修中发生了众多的氮气窒息死亡事故，因此氮气被视为"隐形杀手"！

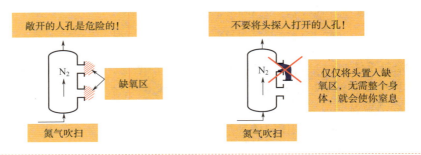

（3）蒸汽吹扫　蒸汽吹扫是以不同参数的蒸汽为介质的吹扫，它由蒸汽发生装置提供气源。蒸汽吹扫具有很高的吹扫速度，因而具有很大的能量（或动量）。而间断的蒸汽吹扫方式，又使管线产生热胀冷缩，这有利于管线内壁的附着物的剥离和吹扫，故能达到最佳的吹扫效果。不宜用蒸汽吹扫的情况，见图4-2。

用水蒸气吹扫，设备管道内会积存蒸汽冷凝水，尤其在冬季停工，冷凝水更多。水一般都积存在设备的底部和管线的低点部位，如不及时除掉，会冻坏设备。因此，用水蒸气吹扫过后，还要用压缩空气进行吹扫，进行低点放空，以把积水扫净。对有些露天设备管线的死角，如无法将水扫净，则必须将设备解体。

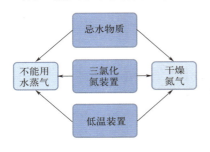

图4-2　不宜用蒸汽吹扫情况

蒸汽吹扫温度高、压力大、流速快，管道受热后产生膨胀移位，降温后发生收缩，所以要充分考虑到对系统结构的影响，保证吹扫时人身和设备安全。

安全广播

三、清洗

1. 清洗的目的

对置换和吹扫都无法清除的黏结物，如在设备内壁的易燃、有毒物质的沉积物及结垢等，还必须采用清洗和铲除的办法进行处理。

2. 清洗的方法

清洗一般有蒸煮和化学清洗两种，见图4-3。

（1）蒸煮　一般来说，较大的设备和容器在清除物料后，都应用蒸汽、高压热水喷扫或用碱液（氢氧化钠溶液）通入蒸汽煮沸，蒸汽宜用低压饱和蒸汽。蒸煮方法见图4-4。

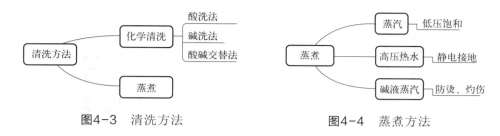

图4-3　清洗方法　　　　　　　　图4-4　蒸煮方法

（2）化学清洗　常用碱洗法、酸洗法、酸碱交替法等方法。酸碱交替法适用于单纯对设备内氧化铁沉积物的清洗，若设备内有油垢，先用碱洗去油垢，然后用清水洗涤，接着进行酸洗，氧化铁沉积即可溶解。若沉积物中除氧化铁外还有铜、氧化铜等物质，仅用酸洗法不能清除，应先用氨溶液除去沉积物中的铜成分，然后进行酸洗。化学清洗后的废液应予以处理后方可排放。

（3）其他物理方法　对某些设备内的沉积物，也可用人工铲刮或高压水清洗的方法予以清除。进行刮铲作业时，应符合进设备作业安全规定，特别应注意的是，对于可燃物的沉积物的铲刮应使用铜质、木质等不产生火花的工具，并对铲刮下来的沉积物妥善处理。

四、装置环境安全标准

1. 环境安全标准

通过各种处理工作，生产车间在设备交付检修前，必须对装置环境进行分析，达到下列标准：

（1）设备、管道物料排空后，经过置换、吹扫、清洗等作业后，设备内可燃物含量合格。设备内可燃物含量要求：

a. 当被测气体或蒸汽的爆炸下限大于或等于4%时，其被测浓度应不大于0.5%（体积分数）；

b. 当被测气体或蒸汽的爆炸下限小于4%时，其被测浓度应不大于0.2%（体积分数）。

（2）对涉及密闭空间作业前的置换工作，氧含量应为18%~21%，富氧环境下不应大于23.5%；燃烧爆炸物质浓度应低于安全值，有毒物质浓度应符合国家标准《工作场所有害因素职业接触限值　第1部分：化学有害因素》的规定。

（3）设备外壁检修、动火时，设备内部的可燃气体含量应低于安全值。

（4）检修场地水井、沟，应清理干净，加盖砂封，设备管道内无余压、无灼烫物、无沉淀物。

2. 气体检测设备

化工检修时常使用便携式气体检测仪来检测环境是否安全，如图4-5所示，常用的便携式气体检测仪包括以下几种：

（1）可燃气体检测仪　检测环境中是否含有可燃气体，并能测量其浓度。

（2）有毒气体检测仪　检测特定有害气体（如硫化氢、氨气等）的存在和浓度。

（3）氧气浓度检测仪　检测环境中的氧气浓度，确保氧气含量在安全范围内。

（4）多气体检测仪　可同时检测上述多种气体，是综合型气体检测仪器。

(a) 可燃气体检测仪　　(b) 有毒气体检测仪　　(c) 氧气浓度检测仪　　(d) 多气体检测仪

图4-5　便携式气体检测仪

除便携式气体检测仪外，还可以使用采样泵采集气体样本，送至实验室，使用气相色谱等仪器进行分析检测。如图4-6所示，采样泵通常和采样袋、采样杆配合使用。

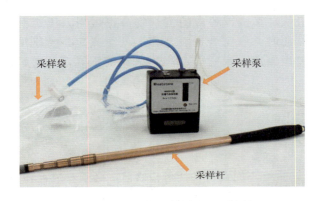

图4-6　采样泵、采样袋和采样杆

采样泵：采样泵是用于从受限空间抽取空气样本的设备。它必须可靠且精确，能够提供恒定的流速，以便将代表性的气体样本输送到分析仪器中。

采样袋：采样袋是用于存储和运输所抽取的气体样本的容器。采样袋必须保证在存放和运输过程中不与样本发生化学反应，且不能有气体渗透进出。采样袋通常由聚四氟乙烯、聚乙烯等材料制成。

采样杆是用于在特定环境下，尤其是难以直接接近的区域（例如受限空间、高处或远距离位置）进行气体采集的工具，可实现从安全距离外对特定区域进行采样，使用采样杆可以减少样品因操作者近距离呼吸或皮肤吸收释放的气体而受到污染的风险。

五、作业许可管理

作业许可管理是安全生产管理的重要组成部分，它是控制定期、不定期检维修等非常规性作业最有效的手段，有效防控非常规性作业所带来的风险，帮助企业有效识别作业中的危害，使相关人员采取控制和预防措施。

为了保障化工安全生产，2023年4月1日起施行的《化工过程安全管理导则》（AQ/T 3034—2022）关于作业许可的部分明确提出，动火、动土、断路、进入受限空间、高处作业、盲板抽堵、临时用电、吊装八大特殊非常规性作业必须落实作业许可管理制度。作业许可流程分为申请、审批、实施和关闭四个环节，每个环节由若干个步骤组成，作业许可流程见图4-7。

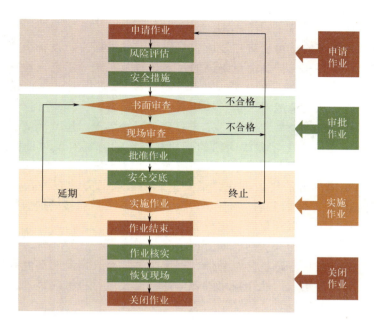

图4-7　作业许可流程

　　申请人一般为作业点所在单位或施工单位的指定人员。审批人负责作业票（也称为"作业许可证"）的审核与批准，一般为企业授权的各类管理人员，如基层单位的管理者（班长、车间主任等），安全管理部门、公司主管领导。具体审批权限取决于作业类别、作业票级别和企业管理制度。某公司特殊作业审批权限见表4-2。

表4-2　某公司特殊作业审批权限

作业类别	审批人
特级动火作业、吊装大于40吨作业、特级高空作业、特殊高空作业	企业主要负责人或授权审批人
一级动火作业、进入受限空间内、断路作业	安全总监
设备检维修、吊装作业	设备科负责人
动土作业	基建科负责人
临时用电作业	动力车间负责人
盲板抽堵作业	生产车间负责人
其余作业	作业部门主要负责人

六、检修前的危险能量隔离

1. 能量隔离

　　能量是指可能造成人员伤害或财产损失的工艺物料或设备所含有的能量。化工生产中可能造成危险的能量有电能、机械能（移动设备、转动设备）、热能（机械或设备、化学反应）、势能（压力、弹簧力、重力）、化学能（毒性、腐蚀性、可燃性）、辐射能等。

　　隔离是指将阀门、电气开关、蓄能配件等设定在合适的位置或借助特定的设施使设备不能运转或能量不能释放。

能量隔离是指将潜在的、可能失控造成人身伤害、环境损害、设备损坏、财产损失的能量进行有效的控制、隔离和保护。能量隔离的目的是规范系统（工艺、设备，包括电气）所需的最基本的隔离及防护措施（即上锁 - 挂牌 - 测试），以防止因不经心或误操作造成危险能量或物料意外释放，从而造成对人员、环境或设备的损害。

化工生产中能量隔离的类型主要有：工艺隔离、机械隔离、电气隔离、放射源隔离等。

（1）工艺隔离是指应用工艺管线阀门的开启和关闭的方法实现对目标系统的有效隔离控制（特殊情况下针对气动调节阀可采取关闭气源的方法隔离）；

（2）机械隔离是隔离方法里最彻底、最安全的，采取的方法有拆除一段管线（在工艺管线开口处加盲板或盲法兰）、旋转"8"字盲板或直接在法兰连接处加盲板；

（3）电气隔离是指把电气能量源同电气设备断开和分离；

（4）放射源隔离是指把相关放射源断开或拆离。

由于隔绝不可靠，致使有毒、易燃易爆、有腐蚀性、令人窒息和高温介质进入检修设备而造成的重大事故时有发生。因此，检修设备前通常需要进行机械隔离，具体做法是盲板抽堵或拆除管线（破管作业）。

2. 盲板抽堵

在设备、管道上安装和拆卸盲板的作业称为盲板抽堵作业。

（1）盲板　盲板（见图4-8）的正规名叫法兰盖，有的也叫作盲法兰或者管堵。它是中间不带孔的法兰，用于封堵管道口。其所起到的作用和封头及管帽是一样的，但盲板密封是一种可拆卸的密封装置，而封头的密封是不准备再打开的。

| (a) 平板式盲板 | (b) "8"字盲板 | (c) 插板 |

图4-8　盲板

盲板选用要求如下：

① 选材合适。应根据管道内介质的性质、温度、压力和管道法兰密封面的口径等选择相应材料、强度、口径和符合设计、制造要求的盲板。高压盲板使用前应经超声波探伤，并符合 JB/T 450—2008 的要求。

② 精准计算。盲板的直径应依据管道法兰密封面直径制作，厚度应经强度计算。

③ 便于操作。一般盲板应有一个或两个手柄，便于辨识、抽堵，"8"字盲板可不设手柄。

④ 盲板垫片要求。应按管道内介质性质、压力、温度选用合适的材料作盲板垫片。

（2）盲板抽堵作业安全要求

① 盲板抽堵属于危险作业，应办理《盲板抽堵作业许可证》，并落实各项安全措施，《盲板抽堵作业许可证》办理流程如图 4-9 所示。

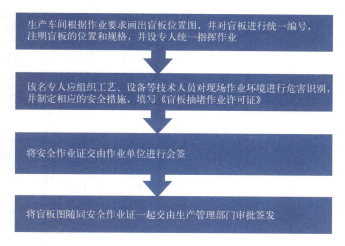

图4-9　《盲板抽堵作业许可证》办理流程

《盲板抽堵作业许可证》管理要求：一式三联；一个作业点、一个作业周期、同一作业内容，办理一张许可证；作业内容变更、地点转移或超过期限应重新办证；作业完成，签字确认存档。

安全广播

② 盲板抽堵应注意以下几点：

a. 盲板抽堵作业人员应经过安全教育和专门的安全培训，并经考核合格；

b. 生产车间应预先绘制盲板位置图，对盲板进行统一编号，并设专人负责，盲板抽堵作业人员应在作业负责人的指导下按图完成作业；

c. 作业人员应对现场作业环境进行有害因素辨识并制定相应的安全措施；

d. 盲板抽堵作业应设专人监护，监护人不得离开作业现场；

e. 在作业复杂、危险性大的场所进行盲板抽堵作业，应制定应急预案；

f. 在有毒介质的管道、设备上进行盲板抽堵作业时，应按 GB 39800.1—2020 的要求选用防护用具；

g. 不得在同一管道上同时进行两处及两处以上的盲板抽堵作业；

h. 每个盲板应设标牌进行标识，标牌编号应与盲板位置图上的盲板编号一致；

i. 拆除法兰螺栓时要逐步缓慢松开，防止管道内余压或残余物料喷出，发生意外事故，加盲板的位置应在来料阀的后部法兰处，盲板两侧均应加垫片，并用螺栓紧固，做到无泄漏；

j. 作业结束，由盲板抽堵作业负责人、车间系统组长、生产部共同确认。

3. 破管作业

所有需要拆开或打开任何密闭管线或流程设备的操作，无论管线或设备是否含有物料或带有压力、真空的作业都被称为破管作业。为确保在作业开始前做好破管作业的准备（排空管道、释放压力、锁定泵、管道隔离等），作业前必须先申请破管作业许可证。

拆卸人孔属于破管作业，注意事项如下：

（1）在对检修设备进行介质置换、吹扫、清洗等工序后，要进行严格的确认、检测，在确保安全的情况下再拆卸人孔。

（2）对于有液体的设备，拆人孔时，要拆对角螺栓，拆到最后四条对角螺栓时，要缓慢拆卸，并尽量避开人孔侧面，防止液体喷出伤人。

（3）对于易燃、易爆物质的设备，绝对禁止用气焊割螺栓。对于锈蚀严重的螺栓要用手锯切割。对于装置上设新人孔或开新手孔的情况，绝对禁止用气焊或砂轮片切割，要采用一定配比浓度的硫酸，周围用蜡封的手段开设新的人孔、手孔。

4. 有效性验证

维修作业开始前要对隔离的有效性进行验证，如点动设备开关和测量电压等确认电能的隔离；确认阀门状态，泄放阀没有物料排出，系统没有憋压等。符合隔离要求后方可开展维修作业，如果储存的能量有重新累积并达到不可接受风险等级的可能，应持续进行隔离验证，直至维修结束时为止，或者直至此种累积的可能性不再存在为止。

5. 上锁挂牌

上锁挂牌（lockout-tagout，简称 LOTO）是保证能量可靠隔离的有效手段，在实施能量隔离过程中配合应用，但是上锁挂牌只能防止人员的不经意操作，对于蓄意行为并不能起到保护作用。因此，上锁挂牌在能量隔离过程中被视为严肃不可侵犯的措施。

能量隔离设备所属单位授权人和检维修作业受影响人员按照上锁挂牌流程（图 4-10）对能量隔离设备进行上锁挂牌。

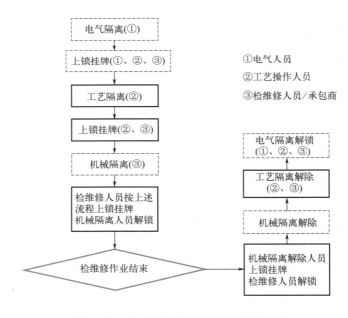

图4-10　上锁挂牌和解锁拆牌流程图

七、检修前作业人员的个人防护

作业人员需根据工艺流程和作业环境，选择合适的个人防护用品并规范佩戴。个人防护用品要符合国家标准 GB 39800.1—2020《个体防护装备配备规范　第 1 部分：总则》的要求。

（1）在缺氧或有毒的场所作业时，应采用隔绝式空气呼吸防护器；

（2）在易燃易爆的场所作业时，应穿防静电工作服、工作鞋；

（3）在有酸碱等腐蚀性介质的场所作业时，应穿戴好防酸碱工作服、工作鞋、手套等防护用品。

八、其他注意事项

整个停车检修过程中的其他注意事项见图4-11。

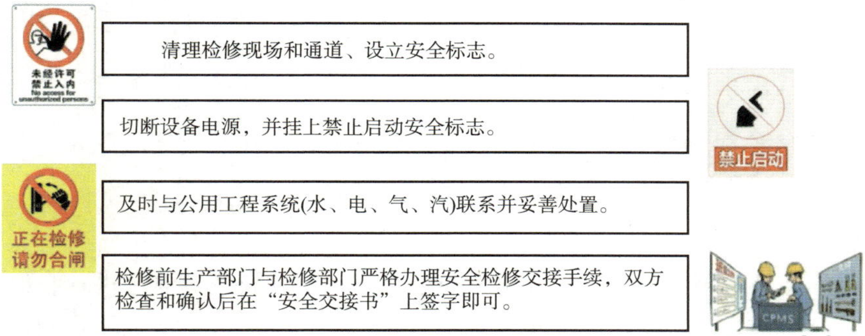

清理检修现场和通道、设立安全标志。

切断设备电源，并挂上禁止启动安全标志。

及时与公用工程系统(水、电、气、汽)联系并妥善处置。

检修前生产部门与检修部门严格办理安全检修交接手续，双方检查和确认后在"安全交接书"上签字即可。

图4-11 整个停车检修过程中的其他注意事项

拓展知识 AI在化工生产中的应用

近年来，世界工业强国、大国先后提出"智能制造"概念，我国提出的"中国制造2025"计划，旨在实现制造强国的战略目标。这些战略目标标志着以人工为基础的传统工业正向以互联网、大数据和人工智能技术为基础的智能工业转变。

化工行业作为流程工业领域的典型代表，设计过程复杂，自动化程度要求高，生产流程长，生产过程弹性大。随着"中国制造2025"计划的实施，国内产生一批化工智能化建设的先驱，相比于传统化工生产和管理方式，化工智能化改造产生了巨大的收益。例如：

🏷 九江石化于2015年升级改造了年产800万t油品的智能工厂，实现了计划调度、装置操作、安全环保、能源管理、IT管控智能化等，每年为九江石化增益2亿～3亿元。

🏷 万华化学公司通过智能化改造使得安全响应速度提升70%，能源利用率提升5%，装置稳定性提高30%，发货时间缩短到24h以内，每年节约运行成本2亿元。

🏷 通过人工智能技术中的神经网络技术建立催化剂结构性与酯化反应活性之间的相关性模型，提高催化剂的利用率。

🏷 基于神经网络建立生物质热解过程模型，克服了热重分析速度慢的缺点。

🏷 通过神经网络技术提高了甲烷制氢性能。

🏷 ……

1. 智能安全生产

基于大数据、机器学习等技术开展危险化学品安全生产风险智能分析，动态感知企业重点场所等的安全隐患；依据相应计算模型模拟计算泄漏、火灾、爆炸等事故。

2. 智能环保监测

全国各化工园区建立相应的监控站，用于监控化工企业所在环境的健康指标，利用物联网、云计算等技术建立相关预测模型，构建化工厂污染物排放监测系统，获取治理污染物各个阶段的关键参数，提供给企业管理层及环保监管部门。

3. 智能管理

基于目标检测算法的行为识别，预训练模型可实时监测摄像头区域内人员的行为，及时发现化工生产过程中人的异常行为，给监管提供了便利，节约了人力成本，也有利于及时发现隐患。

4. 智能控制

在化工生产领域的智能控制系统中，通过强化学习，将误差反馈给输入端，使控制系统不断学习，更加智能化的同时，也提高了自主适应性。

5. 智能巡检

巡检机器人系统利用机器学习、深度学习的目标检测、定位等算法进行智能化识别及实时安全监测，具有图像识别、声音采集、报警、防爆、自主充电、避障等功能，能代替人工完成巡检、数据采集、故障报警等工作，还可以实时监控化工现场的安全状态，及时确定泄漏位置，有效防范化工泄漏事故的发生。

任务指导

1. 作业危害分析

作业危害分析（job hazard analysis）简称 JHA，有时也称为作业安全分析（job safety analysis，JSA）。在化工装置停车检修中，JHA 是一种重要的风险评估工具，用于识别作业过程中可能出现的危害，并采取措施以减少这些危险发生的可能性。JHA 通常包括以下步骤：

（1）危害分析准备

① 确认需要进行作业危害分析的具体检修任务。

② 收集与检修任务相关的信息，如设备图纸、操作手册、以往的 JHA 报告和事故记录。

（2）分解作业步骤

① 将整个检修任务分解成一系列连续的步骤或阶段。

② 每个步骤应具体到足以识别潜在危害的程度。

（3）识别危害

针对每个步骤识别可能存在的危害，包括但不限于化学危害、物理危害、生物危害、人体工程学风险和环境危害。

（4）评估和控制危害

① 评估每个危害的严重性与发生概率。

② 根据危害大小和可能性，制定控制措施以消除或降低这些危害，措施可能包括作业许可、系统吹扫、清洗、置换、气体检测、能量隔离、个人防护等。

③ 编写详细的操作程序，包括安全预防措施和应急响应计划。

（5）交流与培训

① 将分析结果和安全措施与所有相关人员进行交流，确保他们理解危害以及预防措施。

② 对员工进行必要的安全培训，包括如何使用安全设备和执行新的工作流程。

（6）执行和监督

① 将 JHA 分析整合到实际检修作业中并进行监督，以确保安全措施得到有效执行。

② 检修期间，监督人员应持续观察作业情况，及时调整措施以应对新出现的危害。

在实际作业中应持续关注作业环境和作业方式的变化以及新出现的危害，并随时更新 JHA 和控制措施。

2. 作业许可

（1）申请作业

① 作业开始前申请人填写安全作业票（也称为"作业许可证"），提出作业申请。

② 申请人必须在作业前充分核实作业内容、作业步骤，组织开展相应的作业安全风险评估，明确相应的作业安全管控措施，而后按照要求填写安全作业票并不得涂改。

（2）审批作业

① 作业申请人持经作业单位负责人签字确认的安全作业票后通知审批人。

② 审批人到作业现场，逐一检查安全作业票中各项风险管控措施落实情况，比如：与作业有关的设备、工具、材料，现场作业人员的资质及能力，系统隔离、置换、吹扫等安全措施的落实，个人防护用品的配备，消防设施 / 应急设施的配备等。

③ 审批人确认所有措施都落实后，进行签字批准。

（3）实施作业

作业人员在作业前充分核实各项安全作业条件，并严格落实安全作业票及作业安全分析中的各项要求。有下列情况之一时，不准许作业：

① 作业人员不了解作业内容。

② 技术要求存在风险、应急措施不到位。

③ 未落实风险控制措施。

④ 没有作业票或者其他许可文件。

⑤ 没有相应的操作证。

（4）关闭作业

当作业完成后，申请人与批准人确认并签字，作业票关闭。需确认的事项如下：

① 现场没有遗留任何安全隐患。

② 现场已恢复到正常状态。

③ 验收合格。

作业许可证须进行存档，存档待查。作业许可证存档期为一年。

3. 装置处理

因学习情境二中已有"吹扫操作"指导，本任务主要讲解"置换操作"。

根据置换和被置换介质密度不同，合理选择置换介质入口、被置换介质排出口及取样部位，防止出现死角。若置换介质密度大于被置换介质密度，介质走向如图 4-12 所示。

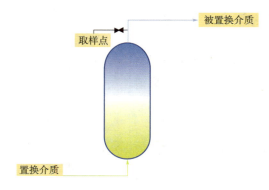

图4-12 置换示意图

用惰性气体作置换介质时，必须保证惰性气体用量（一般为被置换介质容积的 3 倍以上）。按置换流程图规定的取样点取样、分析，并应达到合格方可结束置换操作。设备经置换后，若需要进入其内部工作还必须再用新鲜空气二次置换惰性气体，以防发生缺氧窒息事故。

以检修后开车前用氮气置换空气为例，一般按照如下步骤进行置换操作（参数以具体操作规程为准），如图 4-13 所示。

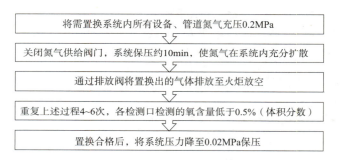

图4-13 置换操作流程图

4.气体检测

装置检修前，尤其是进入受限空间或关闭环境中的设备内部进行作业前，对检修环境进行气体检测，是确保现场安全的重要步骤。

（1）检测前的准备

① 检查气体检测仪器是不是在校准有效期内，并按照制造商的要求对其进行功能测试。

② 确认需要检测的气体种类以及它们的安全阈值。

（2）安全措施

① 评估风险并准备好适当的个人防护装备（PPE），例如呼吸器、安全带、头盔等。

② 设立安全监护人员。

（3）检测程序

① 在实际进入前，先对需检测部位的外部环境进行检测，了解周围是否存在危险气体。

② 如需检测设备内部气体环境，需对空间内不同水平和垂直位置的气体浓度进行测试。因气体密度不同会导致气体在空间的不同位置聚集。

（4）持续监测

① 如果是长时间作业，气体检测应在整个检修过程中持续进行，以监测可能的气体泄漏或其他变化。

② 如果检测结果显示有超出安全阈值的气体存在，应立即采取措施，如增加通风，或撤离工作人员并采取其他安全措施。

（5）检测结果的记录

记录所有的气体检测结果，包括检测时间、地点、检测数值以及采取的任何行动。

5. 能量隔离

（1）根据工作任务和 JHA 结果，编制能量隔离清单（表4-3）

表4-3　能量隔离清单

隔离系统/设备：

危害	□物体打击　　□机械伤害　　□触电　　□淹溺　　□灼烫 □火灾　　　　□高处坠落　　□瓦斯爆炸　　□锅炉爆炸 □容器爆炸　　□其他爆炸　　□中毒和窒息　　□其他伤害		
能量/物料	隔离方法	上锁挂牌点	挂牌点
	□移除管线加盲板		
	□双切断加导淋		
	□关闭阀门		
	□切断电源		
	□其他_____		
……	……	……	……

编写人：　　　测试人：　作业人：　　　批准人：　　　年　月　日

（2）根据能量性质及隔离方式选择相匹配的断开、隔离设施

① 工艺隔离

a. 单阀隔离如图 4-14 所示。

图4-14　单阀隔离

b. 双阀加排空隔离如图 4-15 所示。

图4-15 双阀加排空隔离

c. 单阀加盲板隔离如图 4-16 所示。

图4-16 单阀加盲板隔离

d. 双阀加盲板隔离如图 4-17 所示。

图4-17 双阀加盲板隔离

e. 管线拆卸隔离如图 4-18 所示。

图4-18 管线拆卸隔离

工艺隔离方法的选择可参阅标准 T/CCSAS 013—2022《化工企业能量隔离实施指南》。

② 电气隔离

a. 电气设备的输电线路应在输电源头处进行切断，确保检维修人员在电气设备上安全作业。

b. 仪表及控制信号的隔离属于电气隔离的特殊形式，适用于需要远程探测、感应以及驱动等信号源的隔离及旁通。

c. 电气隔离需要有资质的专业人员操作。

（3）上锁挂牌

① 单人作业单个隔离点上锁：工艺操作人员和检维修人员用各自的个人锁对隔离点进行上锁挂牌。

② 多人共同作业对单个隔离点的上锁有两种方式：

a. 所有检维修人员和工艺操作人员将个人锁锁在隔离点上；

b. 使用集体锁对隔离点上锁，集体锁钥匙放置于锁箱内，所有检维修人员和操作人员将个人锁上锁于锁箱上并挂牌说明。

③ 多个隔离点上锁 用集体锁对所有隔离点进行上锁挂牌，集体锁钥匙放置于锁箱内，所有检维修人员和工艺操作人员用个人锁对锁箱进行上锁挂牌，集体锁箱的使用如图4-19所示。

图4-19 集体锁箱的使用

（4）确认与测试

上锁、挂牌后设备属地单位与作业单位应共同确认能量已隔离或去除。方法如下：

① 在释放或隔离能量前，先观察压力表或液面计等仪表处于完好工作状态；通过观察压力表、视镜、液面计、低点导淋、高点放空等多种方式，综合确认贮存的能量已被彻底去除或已有效地隔离；

② 目视确认连接件已断开、设备已停止转动；

③ 对存在电气危险的工作任务，应有明显的断开点，并经测试无电压存在；

④ 对设备进行测试（如按下启动按钮或开关，确认设备不再运转）。

课后思考与探究

1. 化工装置停车后吹扫介质选取的依据有哪些？

2. 化工装置停车后清洗的方法有哪些？

3. 解体固定床反应器时，催化剂上附着有机物，维修人员拒绝作业，生产人员如何继续处理？

4. 如果盲板抽堵作业之前，在检测过程中，发现始终有可燃气体（发现阀门内漏），应该如何进行故障排查和处理？

5. 如图4-20所示，需对该管路"更换泵及其电动机"，写出装置停车后处理和检修前准备方案。

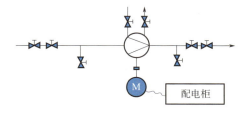

图4-20 第5题附图

参 考 文 献

[1] 向丹波 . 化工操作工必读 [M].2 版 . 北京：化学工业出版社，2022.

[2] 陈晓峰 . 化工装置运行 [M]. 北京：化学工业出版社，2014.

[3] 陈群 . 化工生产技术 [M].3 版 . 北京：化学工业出版社，2021.

[4] 刘承先，樊亚娟 . 化工生产公用工程 [M].2 版 . 北京：化学工业出版社，2021.

[5] 卞进发，彭德厚 . 化工基本生产技术 [M].2 版 . 北京：化学工业出版社，2015.

[6] 陈星 . 化工设备维护与维修 [M]. 北京：化学工业出版社，2019.

[7] 李永真，田铁牛 . 化工生产技术 [M].3 版 . 北京：化学工业出版社，2021.

[8] 刘景良 . 化工生产安全技术 [M].4 版 . 北京：化学工业出版社，2019.

[9] 于欣恺，林洪俊，王晓菡 . 浅谈石油化工企业巡检系统的设计 [J]. 石油化工自动化，
     2020(4)：24-26.

[10] 刘科均 . 浅谈人工智能技术在化工生产自动化控制系统中的应用 [J]. 石化技术，2022(6)：
     261-263.

上海市职业教育"十四五"规划教材

化工装置操作

工作页

（活页式）

张海霞　路雁雁　主　编

康静宜　副主编

张　华　主　审

化学工业出版社

·北京·

目
录

学习情境一

装置认知

碳二加氢工艺流程认知

一、任务描述

结合碳二加氢装置的工艺流程图（见附图1～附图7）熟悉现场工艺流程，了解装置现场主要设备及其功能、管路特征、仪表控制回路等内容，为后续工作做好准备。

二、任务准备

1. 主导问题

（1）碳二加氢是乙烯生产中的一个环节，请查阅资料，绘制从石油到乙烯的工艺流程框图。

（2）碳二加氢的目的是什么？产物中乙炔的含量要求是多少？

（3）化工流程图有哪几种类型？它们的特点及用途是什么？

2. 安全提示

（1）进入装置现场必须正确穿戴好个人防护用品。

（2）严禁在装置现场嬉戏打闹和使用手机，不得随意跨越管道、栏杆。

（3）遵守文明实训的要求，不得随意开关阀门、按按钮和操作装置设备。

（4）装置认知过程如发现任何异常，及时报告管理人员并确保个人安全。

（5）上下阶梯请拉好扶手。

（6）整个装置认知过程请保持现场整洁。

三、任务实施

1. 信息采集

（1）写出主要物料。

原料：

产品：

副产品：

催化剂：

（2）写出本装置主要化学反应方程式。

2. 绘制工艺流程框图

3. 绘制方案流程图

4. 生产设备认知

（1）在装置现场认知反应工段的主要设备，并完成表 1-1-1。

表 1-1-1　反应工段主要设备名称、位号和主要参数

序号	设备名称	设备位号	设备主要参数
1			
2			
3			
4			
5			
6			
7			

（2）认知动设备，记录现场机泵参数，如机泵位号、机泵类型、转速、额定功率、扬程等，完成表 1-1-2。

表 1-1-2　现场机泵参数

序号	机泵位号	机泵类型	转速	额定功率	扬程
1					
2					
3					
4					
5					
6					

5. 管线参数认知

对照、结合 PID 图（附图 1～附图 7），写出加氢脱炔反应工段主物料管线的管径、材质、压力等级和密封面形式，完成表 1-1-3。

表 1-1-3　加氢脱炔反应工段主物料管线的管径、材质、压力等级和密封面形式

序号	主物料管线	管径	材质	压力等级	密封面形式
1					
2					
3					
4					
5					
6					
7					
8					

6. 安全设施认知

寻找本装置安全阀，完成表 1-1-4。

表 1-1-4　安全阀安装部位、作用、工作压力、设计压力和安全阀起跳压力

序号	安装部位	作用	工作压力	设计压力	安全阀起跳压力
1					
2					
3					
4					
5					
6					
7					
8					

四、评估谈话

1. 在错综复杂的管路设备中，采取什么方法摸清工艺流程？

2. 在本任务中，认知装置工艺流程的顺序是什么？

3. 本装置中有哪些安全设施？

五、任务评价

填写任务评价表（表1-1-5）。

表 1-1-5　任务评价表

序号	评价项目	评价内容	配分	评价说明	得分
1	工艺流程认知(22分)	PFD 和 PID 识读	12	PFD 和 PID 识读正确，语言专业规范，错一处扣1分，一处不规范扣1分	
		现场"摸流程"	10	能在现场快速找到主物料管线，并正确写出该管线的相关信息，错、漏一处扣1分	
2	设备认知(20分)	现场找设备	10	能在现场快速找到流程图中的全部设备，错、漏一处扣2分	
		简述设备用途	10	能正确简述装置中设备的用途，错误扣2分，不完整扣1分	
3	参数认知(16分)	认知管线参数	8	能正确规范写出管线相关参数，错一处扣1分	
		认知机泵参数	8	能正确规范记录机泵相关参数，错一处扣1分	
4	安全设施认知(30分)	认知安全阀	15	能在现场快速找到所有安全阀，错、漏一处扣3分	
		识别控制回路	15	能正确写出控制回路的信息，未填或填错一个扣3分	
5	其他(12分)	文明操作	6	规范穿戴个人防护用品，少穿戴或错误穿戴一项扣2分	
			6	装置现场行为安全，跑跳、不扶栏杆上下楼梯、随意触碰设备管线等现象，一次不安全行为扣2分	
总配分			100	总得分	

课堂
笔记

装置自动控制与联锁认知

一、任务描述

根据碳二加氢装置 PFD、PID 和联锁图，对照装置现场，绘制并描述控制方案和联锁方案。

二、任务准备

1. 主导问题

（1）如果参数偏离正常范围，对化工生产会有哪些影响？

（2）精馏塔的关键参数有哪些？可以如何控制？

（3）反应器的关键参数有哪些？可以如何控制？

（4）在化工生产装置中，比例控制系统、串级控制系统、分程控制系统的适用情境分别有哪些？

2. 任务资讯

（1）碳二加氢实训装置联锁图 碳二加氢实训装置联锁图见图1-2-1。

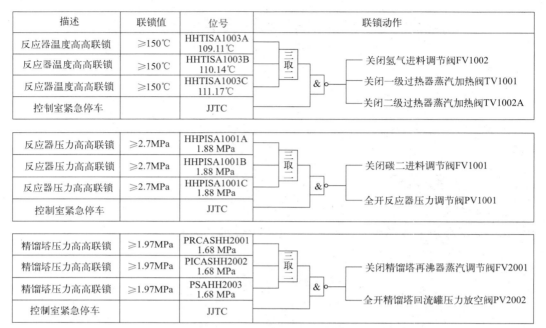

图 1-2-1 碳二加氢实训装置联锁图

（2）碳二加氢装置反应工段 PFD 碳二加氢装置反应工段 PFD 见附图 4。

三、任务实施

1. 根据 PID，口述控制方案。

2. 根据表 1-2-1 控制方案描述，在碳二加氢装置反应工段 PFD 基础上，添加控制回路。

表 1-2-1 控制方案描述

需控制的工艺参数	控制方式	控制逻辑
碳二进料流量	简单控制、比例控制	碳二进料与氢气进料为比例控制调节,需要进行比例控制时,碳二进料控制器 FIC1001 投自动,设定碳二进料的实际流量,氢气控制器 FIC1002 投自动,设置氢烃体积比
氢气流量	简单控制、比例控制	
与氢气混合前的碳二温度	简单控制	通过换热器 E101 蒸汽进口管线上的阀门 TV1001 控制与氢气混合前的碳二温度

续表

需控制的工艺参数	控制方式	控制逻辑
混合物料进反应器的温度	分程控制	二级过热器出口温度控制为分程控制,分别控制二级过热器蒸汽加热阀门 TV1002A 和二级过热器旁路阀门 TV1002B,控制器投自动时,温度升高,阀门 TV1002A 关小,TV1002B 开大,温度降低则相反
反应系统压力	简单控制	通过反应器接入火炬系统管线上的阀门 PV1001 控制反应系统压力

3. 结合【任务指导】中的案例解析,补齐精馏塔 T-201 的塔釜再沸器、塔顶冷凝器及回流系统的流程,并绘制出塔釜温度和塔釜再沸器蒸汽流量、塔顶压力和塔顶冷凝器冷源流量、回流罐液位和回流液流量串级控制回路。

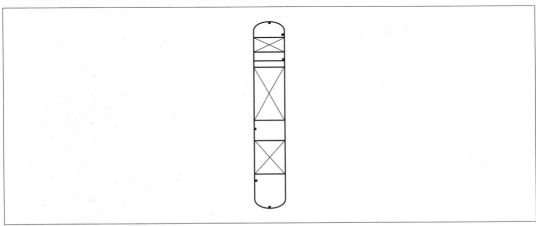

4. 在上一题图中分别用红、蓝、绿颜色描绘精馏塔塔压三级控制的线路。

5. 根据联锁图,写出固定床反应器 R-101 温度和压力两个参数的联锁方案,完成表 1-2-2。

表 1-2-2　联锁方案

控制参数	参数联锁数值	测量点数量	联锁动作描述
反应器温度			
反应器压力			

四、评估谈话

1. 本装置反应工段和分离工段的自动控制共有哪些方式？

2. 联锁中参数取样为什么要有三个测量点？

3. 在工艺参数控制中，操作人员有哪些职责？需要具备哪些素养？

五、任务评价

填写表 1-2-3。

表 1-2-3　任务评价表

序号	评价项目	评价内容	配分	评价说明	得分
1	线路绘制	控制线路绘制	15	正常控制调节绘制正确 5 分,高报控制线路绘制正确 5 分,联锁控制线路绘制正确 5 分	
2	方案填写	控制方案填写	30	正常调节动作阀门位号正确,工作过程描述准确完整 10 分;高报动作阀门位号正确,工作过程描述准确完整 10 分;联锁动作阀门位号正确,工作过程描述准确完整 10 分	
3	方案讲解	控制方案讲解	35	能在现场准确指出控制路线,工作过程表达准确完整 10 分;能在现场准确指出高报路线,工作过程表达准确完整 10 分;能在现场准确指出联锁路线,工作过程表达准确完整 10 分;口头表达流畅、清晰 5 分	
4	联锁方案填写	反应器联锁方案填写	20	反应器温度联锁方案填写准确 10 分,反应器压力联锁方案填写准确 10 分	
总配分			100	总得分	

学习情境二
装置开车前准备

工艺变更后开车前PSSR

一、任务描述

如图 2-1-1 所示，离心泵 P_A 用于输送循环水。目前该泵与其前端储罐连接的管路已安装完成。此段管路含有压力表 PI003、PI004，闸阀 V04，在 V04 后法兰、泵进口法兰处装有"8"字盲板。为防止离心泵 P_A 发生泄漏等故障，影响正常生产，在此基础上增加一台备用泵 P_B。现要求你的团队对新增备用泵 P_B 及相关管线做开车前的 PSSR。

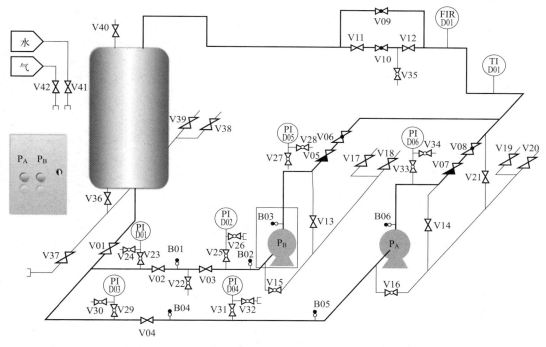

图 2-1-1 工艺变更示意图

二、任务准备

1. 安全提示

（1）个人防护用品需检查后方可进行穿戴，如安全帽、防护手套等。

（2）注意装置现场设备、管道热表面，防止烫伤。

（3）在大型设备或平台上、孔洞边、管道支架上操作时，有高处坠落的危险。

（4）工器具使用前需检查其有效期、是否能正常工作等，切忌蛮力操作。

（5）现场发现物料泄漏等异常现象必须先做好相应的个人防护，在确保自身安全的前提下处理。

（6）操作电气设备时，注意绝缘防护，避免接触带电部位。

2. 制订工作计划

在表 2-1-1 中填写 PSSR 工作计划。

表 2-1-1　PSSR 工作计划

序号	步骤	工作内容
1		
2		
3		
4		

三、任务实施

1. 对照开车前安全检查表（表 2-1-2），执行 PSSR。

表 2-1-2　开车前安全检查表

项目编号：

工作描述：

☐全新装置的建设安装　　☐现存管线的改造　　☐临时修改改造
☐设备安装的永久性修理改造　☑新增加的附加物　☐改变原材料

PSSR 检查项目内容				
N/A	是	否	序号	需要确认的行动项
			1	布局竣工资料(轴测图:离心泵及进出口管道、管件、仪表等)
			2	离心泵型号是否符合原设计
			3	离心泵基础检查
			4	离心泵基座外观完好
			5	离心泵入口过滤器
			6	所有设备/仪表/管道是否已配备标识
			7	管件是否具有可达性,具有足够空间便于维修准备及作业

续表

N/A	是	否	序号	需要确认的行动项
			8	系统和现场的其他情况符合开车的前提条件的要求（比如现场的清理，隔离，以及系统间的隔离盲板的信息，锁开锁关的就位等）
			9	是否对所有受影响的仪电设施经过测试（仪表回路等）
			10	报警（设定点及落位）设置是否合理
			11	所有开车用文档（如切泵标准操作规程等）是否已就位
			12	开车涉及的危险废弃物或不合格处置方案已就位（如有必要）
			13	如有必要，是否已评估增加的噪声/排放点影响？必要措施已在开车方案中明确定义
			14	如有必要，应急响应预案更新或临时性的应急响应预案已就位，且沟通到位
			15	如有必要，对应工艺危害分析已就位
			16	所有相关人员是否已完成培训（调试开车方案，操作及安全概念）
			17	竣工文档（轴测图、PID）的更新是否已经得到系统的追踪
			18	其他（如：阀门手阀位号、导淋双重隔离）

2. 将 PSSR 发现的问题填写在表 2-1-3 中。

表 2-1-3　PSSR 发现的问题

序号	问题描述	整改完成前是否禁止运行	整改情况
1			
2			
3			
4			
5			
6			
7			
8			
9			
10			

3. 撰写开车前安全检查报告。

四、评估谈话

1. PSSR 的检查清单由谁编制？

2. 你在执行本任务的过程中如何确保检查没有遗漏？

3. 你在本次检查中发现了哪些问题？这些问题如果未被发现将会带来什么后果？

五、任务评价

对照表 2-1-4，对技能训练任务实施过程进行评价。

表 2-1-4　任务评价表

序号	评价项目	评价内容	配分	评价说明	得分
1	PSSR 工作计划制订	工作步骤与工作内容	20	组建 PSSR 评审小组 5 分；制定开车前安全检查表 5 分；开展 PSSR 培训 5 分；带好相关文档前往装置现场进行安全检查 5 分	
2	PSSR 执行	检查过程与检查记录	40	对照安全检查表逐一检查 15 分；能规范记录发现的问题 10 分；能写出整改情况 15 分	
3	PSSR 报告撰写	报告内容，文字表达	20	PSSR 准备工作 8 分，PSSR 发现的问题隐患及整改情况 8 分，文字表达通顺、规范 4 分	
4	团队协作	分工明确，配合默契	10	分工明确 5 分，配合默契 5 分	
5	安全文明	防护穿戴规范，无违规操作	10	违规操作有一项扣 5 分(坐在地上、靠在设备上、抛扔工具等)，防护用品穿戴不规范有一项扣 2 分	
总配分			100	总得分	

原料配制及投料

一、任务描述

为间歇釜式反应器配制 10% 的硫酸镁溶液 40kg 作为原料之一，间歇釜式反应器流程如图 2-2-1 所示。

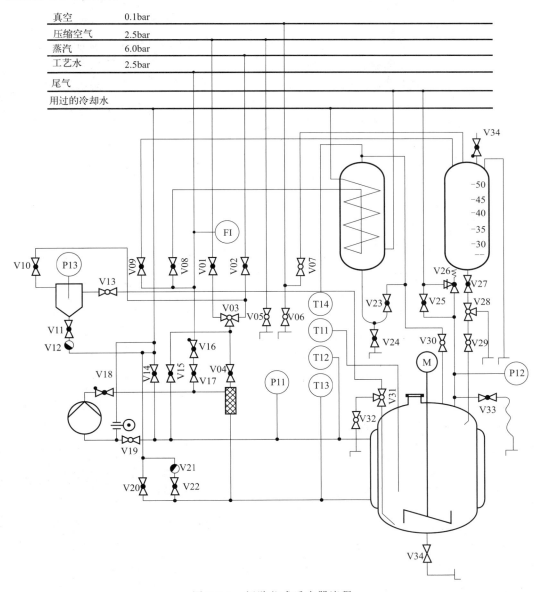

图 2-2-1　间歇釜式反应器流程

（1）条件　已有原料为纯度为 98％的 $MgSO_4 \cdot 7H_2O$ 固体。

（2）设备　100L 反应釜（连接有带刻度线的 60L 玻璃储罐）、袋式过滤器。

（3）要求

① 用玻璃储罐加水，从手孔加入称量好的 $MgSO_4 \cdot 7H_2O$ 固体，常温搅拌溶解 30min。

② 采用活性炭吸附杂质，采用袋式过滤器过滤溶液，利用压缩空气进行物料转移（压力≤0.2bar，1bar＝0.1MPa）。

③ 用密度计分析硫酸镁溶液浓度，获得三组数据。

④ 计算原料损耗率。

二、任务准备

1. 安全提示

（1）进行操作之前，应进行严格的点检和装置检查，发现问题时，及时汇报，做好记录，尽快复位，确保能够进行正常操作。

（2）本操作过程中需使用软管作为连接管，保证连接管置于安全状态，防止绊倒操作人员，做好相应措施（如防脱绳、警示三脚架、警示带等）。

（3）本操作过程中压缩空气的强压力可能对身体造成巨大伤害，因此要确保压缩空气不能对着自己和同伴，同时要缓慢开启压缩空气，注意压力不要超过额定值。

（4）操作过程中严禁物料外漏，如若称量过程造成物料泄漏，应及时进行相应干预，防止化学品伤害、滑倒危险。

2. 任务计划

分析本任务，写出工作计划。

（1）＿＿＿＿＿＿＿＿＿＿＿＿＿＿＿＿＿＿＿＿＿＿＿＿＿＿＿＿＿

（2）＿＿＿＿＿＿＿＿＿＿＿＿＿＿＿＿＿＿＿＿＿＿＿＿＿＿＿＿＿

（3）＿＿＿＿＿＿＿＿＿＿＿＿＿＿＿＿＿＿＿＿＿＿＿＿＿＿＿＿＿

（4）＿＿＿＿＿＿＿＿＿＿＿＿＿＿＿＿＿＿＿＿＿＿＿＿＿＿＿＿＿

（5）＿＿＿＿＿＿＿＿＿＿＿＿＿＿＿＿＿＿＿＿＿＿＿＿＿＿＿＿＿

（6）＿＿＿＿＿＿＿＿＿＿＿＿＿＿＿＿＿＿＿＿＿＿＿＿＿＿＿＿＿

（7）＿＿＿＿＿＿＿＿＿＿＿＿＿＿＿＿＿＿＿＿＿＿＿＿＿＿＿＿＿

（8）＿＿＿＿＿＿＿＿＿＿＿＿＿＿＿＿＿＿＿＿＿＿＿＿＿＿＿＿＿

3. 资料查阅

查阅 MSDS，完成以下题目。

（1） $MgSO_4 \cdot 7H_2O$ 的危险因素有：＿＿＿＿＿＿＿＿＿＿＿＿＿＿＿

（2）需要穿戴的 PPE 有：＿＿＿＿＿＿＿＿＿＿＿＿＿＿＿＿＿＿＿＿＿

（3）其他安全注意事项有：＿＿＿＿＿＿＿＿＿＿＿＿＿＿＿＿＿＿＿＿

4. 计算

已有 $w(MgSO_4 \cdot 7H_2O) = 98\%$

需要得到 $m(MgSO_4 溶液) = 40kg$，$w(MgSO_4) = 10\%$

$m_{MgSO_4 \cdot 7H_2O} = $ ＿＿＿＿＿＿＿ kg

$m_{H_2O} = $ ＿＿＿＿＿＿＿ kg

计算过程：

5. PPE 穿戴

执行该任务，我需要穿戴的 PPE 有：

_____

_____。

6. 工具准备

将本任务用到的操作工具填写在表 2-2-1 中。

表 2-2-1　工具清单

序号	名称	单位	规格	数量

三、任务实施

1. 把结块的固体原料破碎成粉末

（1）用到的工具有：_____

（2）破碎的作用是：_____

2. 称取 $MgSO_4 \cdot 7H_2O$

（1）称取的量为：_____

（2）用到的工具有：_____

3. 溶解和过滤

在反应釜中溶解 $MgSO_4 \cdot 7H_2O$ 并记录操作过程，填写表 2-2-2。

表 2-2-2　操作记录表

时间	操作内容	操作人员

4. 数据分析

（1）填写表 2-2-3。

表 2-2-3　数据记录表

物理量	时间	数值
密度		
质量	（过滤前）	
	（过滤后）	

（2）计算原料损耗率。

计算过程：

5. 现场整理

设备复位，工具归还，场所清洁整理。

四、评估谈话

1. 本任务实施过程中有哪些风险因素，你分别采取了哪些措施来控制风险？

2. 你认为原料损耗的原因有哪些？

3. 说说你在本次操作中的收获和感想。

五、任务评价

对照表 2-2-4，对技能训练任务实施过程进行评价。

表 2-2-4　任务评价表

序号	评价项目	评价内容	配分	评价说明	得分
1	任务计划	任务计划	10	条理清楚，表达准确，计划合理 10 分	
2	任务准备	化学品风险识别	5	安全告知卡的阅读与确认，正确复述化学品风险因素及防范措施 5 分	
		PPE 穿戴	5	工作服、安全帽、防护眼镜、手套穿戴规范 5 分	
		设备点检	5	设备及阀门状态检查或复位正确 5 分	
		工具准备	5	工具选取正确，准备齐全 5 分	
3	计算与称量	原料计算	5	计算过程正确，结果准确 5 分	
		硫酸镁称量	5	操作步骤正确、规范，符合安全要求 5 分	
4	溶解与过滤	加水	10	阀门开关正确，操作规范，加水量准确 10 分	
		硫酸镁进料	10	手孔进料规范安全，物料无泄漏 10 分	
		物料溶解	5	打开搅拌器 5 分	
		管路连接	10	反应釜和过滤器连接正确 10 分	
		过滤	10	过滤操作规范、安全 10 分	
5	数据处理与结束工作	分析检测	6	取样并测量相对密度操作规范，数据准确 6 分	
		数据计算	4	计算损耗率方法正确，结果准确 4 分	
		结束工作	5	实验结束后设备清洗、复位、整理 5 分	
	总配分		100	总得分	

工作页2-3

投用蒸汽和冷却水

一、任务描述

对反应釜实施投用蒸汽和冷却水操作，分别采用温水和蒸汽进行间接加热，并适时转换至水冷却过程，在此期间需严格监控并记录温度变化，直至达到指定条件后完成冷却并排水。具体要求如下：

1. 温水间接加热和水冷却

对反应釜进行了常规检查之后，通过反应釜上的玻璃储罐加入60L水。

在搅拌的情况下，用温水间接加热反应釜中的物料。夹套入口处的温度被加热到60℃±1℃。该温度控制得越精确越好。

每隔5min，在原始记录表上以表格的形式，记录夹套入口处和反应釜内部的温度。

当反应釜内温度15min内升高不超过1℃时，停止加热，转换到间接水冷却方式。当反应釜内的温度降低到40℃以下时，停止冷却，通过底阀将水排入废水沟。

2. 蒸汽间接加热和水冷却

对反应釜进行了常规检查之后，关闭手孔，准备蒸汽。

首先用压缩空气将反应釜的夹套排空，然后进行蒸汽间接加热。

调节蒸气压（压力表）到0.5bar（表压），并恒定10min。记录下已经保持恒定5min的温度。重复此步骤，以0.5bar的间隔调节压力直到4.5bar。将测得的数据以表格形式记录下来。

记录完最后一个温度数据之后，开始水冷却。另外，通过玻璃储罐加入80L的水。20min之后，停止冷却，通过底阀将水排入废水沟。

二、任务准备

1. 安全提示

（1）蒸汽发生器启动后禁止触摸，防止被蒸汽烫伤。

（2）严禁水、汽喷溅到电气元件上。

（3）严禁在具有蒸汽压力或高温下检修，进行检修或故障处理时，必须切断电源、卸压降温以后进行。

（4）使用蒸汽发生器前检查水箱水位是否正常且水箱内是否无杂物，否则将损坏水泵。

（5）蒸汽发生器必须使用软化水处理设备。

（6）随时注意蒸汽压力，不得超过允许压力。

（7）安全附件完好，需要定期维护。

2. 流程确认

（1）在流程图中，标出用温水间接加热以及水间接冷却换热介质的走向，从起始的总管开始标到废水沟。水用绿颜色表示，蒸汽用红颜色表示。

（2）在流程图中，标出用蒸汽间接加热的换热介质走向，从起始总管开始标到废水沟，用蓝色表示。

3．PPE 穿戴

执行本任务，我需要穿戴的 PPE 有：_____。

4．检查设备

（1）蒸汽发生器的检查项目有：_____

_____。

（2）反应釜系统的检查项目有：_____

_____。

三、任务实施

1．启动电加热蒸汽发生器，具体步骤为：

（1）_____

（2）_____

（3）_____

（4）_____

（5）_____

2．温水间接加热和水冷却

（1）温水间接加热：打开蒸汽和水管路阀门，打开阀门顺序为：

_____

（2）在加热过程中，记录蒸汽发生器及反应釜压力、温度于表 2-3-1。

表 2-3-1　蒸汽发生器及反应釜压力、温度记录表

装置/设备名称：_____　　　　编号：_____

时间	蒸汽发生器压力/bar	反应釜夹套压力/bar	反应釜夹套温度/℃	反应釜内温度/℃	备注

（3）水冷却的阀门开关步骤为：

_____

_____

3. 蒸汽间接加热和水冷却

（1）蒸汽间接加热，打开阀门顺序为：

_____

（2）在加热过程中，记录反应釜夹套压力与温度于表 2-3-2。

表 2-3-2　反应釜夹套压力与温度记录表

反应釜夹套压力/bar	反应釜夹套温度/℃
0.5	
1.0	
1.5	
2.0	
2.5	
3.0	
3.5	
4.0	
4.5	

（3）水冷却的阀门开关步骤为：

_____

_____

4. 关闭蒸汽发生器，具体步骤为：

（1）_____

（2）_____

（3）_____

（4）_____

（5）_____

（6）_____

5. 数据分析

（1）绘制温水间接加热时反应釜内和夹套进口处的温度-时间曲线。

（2）绘制蒸汽间接加热时夹套压力-温度关系图，压力数据为纵坐标。

四、评估谈话

1. 为什么蒸汽发生器用水要用软水？

2. 本任务有哪些安全隐患，你采取哪些措施保证自己的安全？

3. 不慎被蒸汽烫伤如何及时处置？

五、任务评价

对照表 2-3-3，对技能训练任务实施过程进行评价。

表 2-3-3　任务评价表

序号	评价项目	评价内容	配分	评价说明	得分
1	流程确认	蒸汽和冷却水换热介质走向绘制	12	温水间接加热蒸汽走向绘制正确 4 分，冷却水走向绘制正确 4 分，蒸汽间接加热蒸汽走向绘制正确 4 分	
2	PPE 穿戴	穿戴基本的劳动防护用品	8	工作服、安全鞋、安全帽、防护手套各 2 分	
3	检查设备	蒸汽发生器与反应釜系统的检查	16	蒸汽发生器检查内容和方法正确(管路阀门状态、软水药剂、排污、电源、进水等)8 分，反应釜系统检查内容和方法正确(换热介质管路系统阀门状态、底阀与放空阀、搅拌设备等)8 分	
4	启动蒸汽发生器	启动蒸汽发生器	4	操作正确 4 分	
5	加热操作	温水间接加热	12	阀门操作顺序正确,操作安全规范 12 分	
		蒸汽间接加热	12	阀门操作顺序正确,操作安全规范 12 分	
6	冷却操作	水冷却	12	阀门操作顺序正确,操作安全规范 12 分	
7	数据记录	温度、压力等数据记录,数据曲线绘制	12	蒸汽发生器与反应釜压力、温度数据记录正确、规范,曲线图绘制正确 12 分	
8	停止运行	停止运行	12	停蒸汽发生器、关闭电源、阀门复位、排污,每处得 3 分	
总配分			100	总得分	

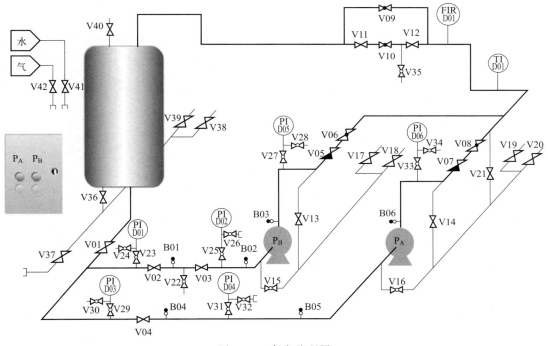

工作页2-4

离心泵单体试车前的吹扫与试压

一、任务描述

　　如图 2-4-1 所示，离心泵 P_A 用于输送循环水。目前该泵与其前端储罐连接的管路已安装完成。此段管路含有压力表 PI003、PI004，闸阀 V04，在 V04 后法兰、泵进口法兰处装有"8"字盲板，管道设计压力为 0.4MPa。正常运行时，管路中水的流量为 $3m^3/h$ 左右，公用工程系统提供的压缩空气压力为 10.0bar。请编写吹扫计划，并对 P_A 的进出口管线进行吹扫与试压，以确保离心泵单体试车时的安全。

图 2-4-1　任务流程图

二、任务准备

1. 引导问题

（1）本任务的吹扫目的是什么？

（2）如果不进行吹扫直接试车，可能出现什么后果？

（3）试验压力为什么要高于设计压力？

2. 安全提示

（1）吹扫和试压时应注意人身安全，排出口应有明显的标志以防伤人。

（2）对增加的临时管线、短管、盲板、垫片应做好记录，以便复位。

（3）吹扫时可用木槌或铜锤对管线进行敲打，但不能损伤管线。

（4）对一些重要的阀门，应进行严格的内漏检查，发现泄漏时做好记录，联系人员拆下研磨或更换，直至合格为止。

（5）试压结束后，注意系统泄压后才能断开连接或打开管道。

（6）操作人员应熟悉工艺流程及 PID，严格按照吹扫流程和试压方案执行任务。

3. 任务分析

（1）绘制吹扫流程图

① 用红色笔描绘出主路吹扫路线。

② 用蓝色笔描绘出支路吹扫线。

（2）在下面方框中绘制试压操作时的压力-时间曲线图。

4. 工具准备

熟悉实训装置和工具区，选择执行本任务所需的工具，填写在表 2-4-1 中。

表 2-4-1　工具清单

序号	名称	单位	规格	数量
1				
2				

序号	名称	单位	规格	数量
3				
4				
5				
6				
7				
8				
9				
10				

5．PPE 穿戴

执行本任务，我需要穿戴的 PPE 有：

三、任务实施

1．压缩空气吹扫

（1）操作步骤

① _____

② _____

③ _____

④ _____

⑤ _____

⑥ _____

⑦ _____

⑧ _____

⑨ _____

⑩ _____

⑪ _____

⑫ _____

（2）吹扫记录　执行吹扫任务，填写表 2-4-2。

表 2-4-2　吹扫记录表

装置/设备名称：

吹扫部位	吹扫次数	起止时间	吹扫参数			靶板状况	备注
			压力	流量	空速		
主路							

续表

吹扫部位	吹扫次数	起止时间	吹扫参数			靶板状况	备注
			压力	流量	空速		
支路							

结论(靶板状况、复位情况、部件保护情况):

操作者		检查者		监督者	

2. 水压试验

（1）操作步骤

① _____

② _____

③ _____

④ _____

⑤ _____

⑥ _____

⑦ _____

⑧ _____

⑨ _____

⑩ _____

⑪ _____

⑫ _____

（2）试压记录　执行试压任务，填写表 2-4-3。

表 2-4-3 试压记录表

装置名称				
管道规格	DN		PN	材质
设计压力			工作压力	
试验压力			试验介质	
大气温度(室温)			吹扫时间	
试压记录	时间	压力	稳压时间	检查情况

结果：

操作人			记录人	

四、评估谈话

1. 本任务实施过程中有哪些风险因素？你分别采取了哪些措施来控制风险？

2. 本次任务你们小组是否遇到困难，后来是如何解决的？

3. 说说你在本次操作中的收获和感想。

4. 说说吹扫和试压在装置运行中的目的。

五、任务评价

对照表 2-4-4，对技能训练任务实施过程进行评价。

表 2-4-4　任务评价表

序号	评价项目	评价内容	配分	评价说明	得分
1	劳动防护（8分）	穿戴基本的劳动防护用品	8	工作服、安全鞋、安全帽、防护手套各2分	
2	作业准备（33分）	仪表、元件拆除	9	拆除的位置正确,每处1分,操作规范,每处2分	
		安装盲板	6	盲板位置正确3分,安装规范3分	
		检查气源	2	检查气源及压力2分	
		连接软管	2	软管连接位置正确1分,方法正确1分	
		开关阀门	8	阀门开关正确每处1分	
		吹扫防护	6	警戒2分,管口保护2分,警示牌2分	

续表

序号	评价项目	评价内容	配分	评价说明	得分
3	吹扫作业实施 （20分）	穿戴劳动防护用品	4	佩戴防护眼镜2分，佩戴耳罩2分	
		打开进气阀	4	阀门位置正确2分，缓慢打开2分	
		选择合适的工具	4	选用防爆的木槌敲击管道2分，敲击部位合适2分	
		靶板检测	4	靶板位置正确2分，靶板检测方法正确2分	
		安全监护	4	监护人坚守岗位监护整个作业过程4分	
4	水压试验操作（25分）	仪表安装	6	压力表和单向阀安装正确，每个3分	
		手摇泵连接，阀门开关	4	V32、V34、V19、V20四处阀门开关正确，每处1分	
		试验压力和试验过程	9	试验压力正确5分，检查过程正确4分	
		泄压	6	手摇泵和管路系统泄压方法正确、安全，每处3分	
5	现场恢复（9分）	系统复位	3	系统恢复初始状态3分	
		工具摆放	3	工具归类，摆放整齐3分	
		现场清理	3	现场整洁、干净、无水渍3分	
6	其他（5分）	安全文明操作	5	操作过程中任何一处不安全文明操作（如坐在地上、靠在设备上、抛扔工具等）扣5分	
总配分			100	总得分	

工作页2-5

碳二加氢装置分离工段水联运试车

一、任务描述

碳二加氢装置分离工段所有仪表、安全设施已全部投用，请进行水联运试车：在常压下启动精馏系统全回流，然后逐步提高压力使其塔顶压力最终达到 0.15MPa。进料处脱开接去离子水、尾气从火炬处排放到大气、轻组分和重组分产品到罐区脱开排放到现场安全位置。

二、任务准备

1. 任务资讯

碳二加氢装置分离工段水联运操作规程

1. 精馏塔流程打通

（1）精馏塔进料手阀 VA2009 和 "8" 字盲板处脱开，VA2009 处外接去离子水作为水运模式的进料水源。

（2）塔底液位计 L2001 引液管打开。

（3）把精馏塔 T-201 侧线采出塔盘处的人孔更换成透明玻璃法兰，方便水运期间观察。

2. E-201 流程打通（换热器进行引蒸汽、预热、疏水器投用操作）

（1）E-201 排气阀和导淋阀关闭且双重隔离。

（2）蒸汽进料阀 FV2001 手动模式关闭，前后手阀打开，导淋阀关闭且双重隔离，旁通阀 FV2001B 关闭、压力表 PG2005 底阀关闭。

（3）疏水器前后手阀打开、旁通阀 VA2005 关闭。

3. 轻组分流程打通（到罐区管线脱开，罐区侧盲法兰隔离，工艺侧排放到安全位置）

（1）开车气相手阀 PV2002 及其下游手阀保持关闭状态，将 PV2002 和下游手阀断开，下游手阀断开处用盲法兰进行双重隔离，PV2002 出口位于大气安全位置。

（2）确认 V-201 的 L2002 引液阀打开。

（3）PG2056 底阀打开。

（4）PV2002 手动模式关闭并将前后手阀打开，导淋阀关闭且双重隔离，旁通阀关闭。

（5）N5 口导淋阀关闭且双重隔离。

（6）塔顶凝液回流泵 P203A/B：吸入口导淋阀关闭且双重隔离、吸入口阀门打开、泵出口压力表底阀打开、泵出口排气导淋阀关闭且双重隔离、泵出口阀 VA2006 和 VA2007 关闭，等需要时选择其中一台泵开泵。

（7）泵出口总阀 VA2008 确认打开。

（8）FV2004 手动模式关闭，前后手阀打开，导淋阀关闭且双重隔离，旁通阀 FV2004B 关闭。

4. E-202 流程打通（冷却水流程投用、高点排气）

（1）FV2003 手动模式关闭，前后手阀打开，导淋阀关闭且双重隔离，旁通阀 FV2003B 关闭。

（2）出水手阀打开。

5. E-204 流程打通（冷却水流程投用、高点排气）

（1）冷却水进水阀门 VA2003 和出水手阀确认打开。

（2）精馏塔轻组分侧线采出 FV2005 手动模式关闭，前后手阀打开，导淋阀关闭且双重隔离，旁通阀 FV2005B 关闭。

6. 重组分流程打通（到罐区管线脱开，罐区侧盲法兰隔离，工艺侧排放到安全位置）

（1）塔釜泵 P202A/B 吸入口导淋阀关闭且双重隔离、出口自循环手阀关闭。

（2）P202A/B 泵吸入口手阀打开，出口手阀关闭，出口排气导淋阀关闭且双重隔离，泵出口压力表底阀打开。

7. E-203 流程打通（冷却水流程投用、高点排气）

（1）冷却水进水手阀 VA2004 和出水手阀打开。

（2）精馏塔重组分采出阀 LV2001 手动模式关闭，前后手阀打开，导淋阀关闭且双重隔离，旁通阀 LV2001B 关闭。

8. 填充塔釜液位

打开 VA2009 将去离子水加入精馏塔 T-201。

9. 精馏塔压力控制

PICAS2002 投自动模式，精馏系统压力设定值 0MPa。

10. 精馏系统填充液位

（1）精馏塔塔釜加液位到 80%。

（2）启动其中一台塔釜泵。

11. 精馏全回流自循环

（1）FV2001 投自动模式，T2052 设定值 110℃，启动塔釜再沸器虹吸循环。

（2）塔顶压力控制 P2001 投自动模式，F2003 投串级，压力设定 0MPa（可能后期只要把冷却水阀全开即可，或者改成塔顶温度控制模式）。

（3）外操根据塔釜液位调节 VA2009，控制去离子水加入精馏塔 T-201 的量。

（4）当 V-201 液位达到 80%，启动其中一台塔顶回流泵。

（5）FIC2001 串级控制 V-201 液位 LIC2002，LIC2002 液位设定值 50%，FV2005 保持关闭状态，使塔顶轻液全部回流到塔釜。

12. 控制回路测试

完成各控制回路全负荷控制参数测试与修正，保证控制参数适用。

（TIC2052、FIC2001、PACAS2001、FIC2003、PICAS2002、LIC2002、FIC2005、LICA2001）

13. 泵的测试

4 台泵（P-202A、P-202B、P-203A、P-203B）进行互相切换，并观察和测试运行状态。

14. 塔盘状态检查

确认侧线溢流、塔盘液位、降位都处于正常运行状态。

15. 提高精馏系统操作压力和系统温度并维持 12h

（1）PICAS2002 压力设定值提高至 0.15MPa。

（2）确认 TIC2052、TI2002 温度高于 100℃。

16. 停车恢复

（1）停止蒸汽和动设备。

（2）排放系统内的水。

（3）系统自然冷却。

（4）冷却后热紧。

17. 系统恢复

（1）精馏塔进料手阀 VA2009 和"8"字盲板处恢复。

（2）塔釜乙烯出料到罐区的管线恢复。

（3）塔顶乙烷出料到罐区的管线恢复。

（4）尾气管线到火炬的管线恢复。

（5）精馏塔 T-201 侧线采出塔盘处的人孔恢复。

2. 安全提示

（1）进入装置现场全程戴安全帽，穿好工作服和防护鞋；

（2）开关阀门戴手套，缓慢动作，禁止野蛮操作；

（3）装置现场禁止跑动，注意避免碰撞设备和管道引起机械伤害；

（4）上下楼梯扶好扶手；

（5）未经允许，不得触碰和操作设备、阀门、机泵电源；

（6）遇到突发情况及时向实训指导教师报告。

3. 人员分工

填写表 2-5-1。

表 2-5-1　任务分工表

人员	岗位	职责

4. 风险评估

在表 2-5-2 中列出水联运试车风险因素，写出防范措施。

表 2-5-2　任务风险分析表

序号	风险因素	防范措施

三、任务实施

1. 操作步骤填写

阅读碳二加氢实训装置分离工段水联运操作规程，梳理碳二加氢实训装置分离工段水联运试车步骤，填写在表 2-5-3 中（参考"精馏塔流程打通"范例继续填写后续步骤），并进行内外操联合试车。

表 2-5-3　操作步骤

步骤/操作记录	操作人员
1. 精馏塔流程打通	
精馏塔进料手阀 VA2009 和"8"字盲板处脱开	
VA2009 处外接去离子水作为水运模式的进料水源	
塔底液位计 L2001 引液管打开	
把精馏塔 T-201 侧线采出塔盘处的人孔更换成透明玻璃法兰，方便水运期间观察	
2. E-201 流程打通	
3. 轻组分流程打通	

步骤/操作记录	操作人员
4. E-202 流程打通	
5. E-204 流程打通	
6. 重组分流程打通	
7. E-203 流程打通	
8. 填充塔釜液位	
9. 精馏塔压力控制	
10. 精馏系统填充液位	

续表

步骤/操作记录	操作人员
11. 精馏全回流自循环	
12. 控制回路测试	
TIC2052　　30％负荷□　50％负荷□　80％负荷□　100％负荷□ FIC2001　　30％负荷□　50％负荷□　80％负荷□　100％负荷□ PACAS2001　30％负荷□　50％负荷□　80％负荷□　100％负荷□ FIC2003　　30％负荷□　50％负荷□　80％负荷□　100％负荷□ PICAS2002　30％负荷□　50％负荷□　80％负荷□　100％负荷□ LIC2002　　30％负荷□　50％负荷□　80％负荷□　100％负荷□ FIC2005　　30％负荷□　50％负荷□　80％负荷□　100％负荷□ LICA2001　　30％负荷□　50％负荷□　80％负荷□　100％负荷□	
13. 泵的测试	
P-202A□　　　　P-202B□　　　　P-203A□　　　　P-203B□	
14. 塔盘状态检查	
15. 提高精馏系统操作压力和系统温度并维持 12h	
16. 停车恢复	

步骤/操作记录	操作人员
17. 系统恢复	

2. 试车记录

填写表 2-5-4。

表 2-5-4　试车记录表

试车时间		装置名称	
操作人员			

异常情况（泄漏、振动、噪声等）及应对措施：

工艺参数情况（是否符合预期的设定值或范围）：

评估与结论（系统整体运行状况评估）：

试车结束工作（完成试车后的设备关闭程序和状态）：

操作员签字：	监督员/指导教师签字：

四、评估谈话

1. 控制回路如何测试是否正常运行？
2. 泵如何测试是否正常运行？
3. 精馏系统水联运试车前应经过哪些处理？
4. 水联运的目的是什么？后续工作是什么？

五、任务评价

对照表 2-5-5，对技能训练任务实施过程进行评价。

表 2-5-5　任务评价表

序号	评价项目	评价内容	配分	评价说明	得分
1	劳动防护 （12分）	穿戴基本的劳动防护用品	12	外操在现场规范穿戴工作服、安全鞋、安全帽、防护手套各 3 分	
2	装置水联运试车操作 （53分）	试车操作	28	操作步骤正确20分，操作动作规范8分	
		测试与检查	15	控制回路测试与检查方法正确 5 分，泵的测试与检查方法正确 5 分，静设备检查方法正确 5 分	
		风险评估	10	装置水联运试车操作中的风险因素及防范措施，全部正确10分，每错或漏一项扣1分	
3	装置恢复 （20分）	停车	10	操作步骤正确5分，操作动作规范5分	
		系统恢复	10	操作步骤正确5分，操作动作规范5分	
4	其他 （15分）	安全文明操作	5	操作过程无不安全文明操作（如坐在地上、靠在设备上、抛扔工具等）5分	
		内外操协作	5	表达清晰，沟通及时、有效 5 分	
		现场整理	5	任务完成后现场清理干净，工具、个人防护用品等摆放整齐5分	
	总配分		100	总得分	

●●● 学习情境三

装置开车运行

工作页3-1

碳二加氢实训装置开车与调节

一、任务描述

在本活动中，4人为一班组，内外操协作，根据碳二加氢实训装置的岗位操作规程和岗位操作法，进行开车操作，并调整工艺参数，稳定运行装置。

装置开车

二、任务准备

1. 任务资讯

（1）碳二加氢实训装置工艺流程见图 3-1-1。

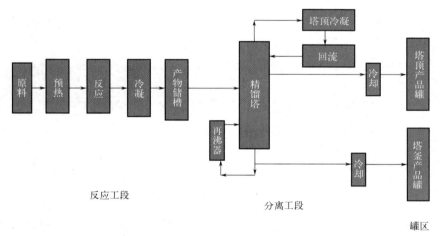

图 3-1-1 碳二加氢实训装置工艺流程

（2）碳二加氢实训装置开车内操岗位操作规程（开车流程部分）见图 3-1-2。

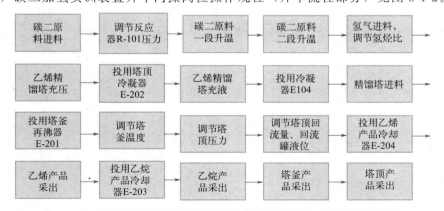

图 3-1-2 碳二加氢实训装置开车内操岗位操作规程（开车流程部分）

（3）碳二中试实训装置开车内操岗位操作法

① 碳二原料进料。打开 C_2 进料调节阀 FV1001，手动调节 FV1001，保证进料流量在 31.887t/h，流量稳定后，将 FIC1001 投自动，将 FIC1001 流量设置为 31.887km^3/h。

② 调节固定床反应器 R-101 压力。手动调节 PV1001 阀门开度，保证反应器压力在 1.88MPa，压力稳定后，将 PIC1001 投自动，将 PIC1001 压力设置为 1.88MPa。

③ 碳二原料一段升温。打开一级过热器 E-101 蒸汽调节阀 TV1001，与 C_2 原料换热，保证一级过热 C_2 物料出口温度 TIC1001 在 38℃左右，温度稳定后，将 TIC1001 投自动，将 TIC1001 温度设置为 38℃。

④ 碳二原料二段升温。打开二级过热器 E-102 蒸汽调节阀 TV1002A，与 C_2 原料换热，调节 TV1002A，使原料进反应器温度在 42℃，温度稳定后，将 TIC1002 投自动，将 TIC1002 温度设置为 42℃。

⑤ 氢气进料，调节氢烃比。打开氢气进料调节阀 FV1002，向反应器进氢气，调节 FV1002，保证氢气流量在 1047.1m^3/h，氢烃比为 0.005，流量稳定后，将 FIC1002 投自动，将 FIC1002 氢烃比设置为 0.005，调节系统保证加氢反应出口组分中乙炔 C_2H_2 含量为 0。

⑥ 乙烯精馏塔充压。打开回流罐 V-201 压力调节阀 PV2002，使塔压力在 1MPa 左右。

⑦ 投用塔顶冷凝器 E-202。打开精馏塔塔顶冷凝器 E-202 冷剂入口调节阀 FV2003，调节流量在 100t/h 左右。

⑧ 乙烯精馏塔充液。打开精馏塔回流调节阀 FV2004，向精馏塔充液。

⑨ 精馏塔进料。关小反应器后压力调节阀 PV1001，保证压力稳定在 1.88MPa。

⑩ 投用塔釜再沸器 E-201。打开精馏塔再沸器蒸汽调节阀 FV2001。

⑪ 调节塔釜温度。调节蒸汽阀 FV2001，使精馏塔塔釜温度 TIC2052 在 −11℃左右，温度稳定后，将 TIC2052 投自动，将蒸汽调节 FIC2001 投串级。

⑫ 调节塔顶压力。调节压力放空阀 PV2002，使精馏塔塔顶压力 PICA2002 在 1.68MPa 左右，压力稳定后，将 PICA2002 投自动，将 PICA2002 压力值设置为 1.68MPa。

⑬ 调节塔顶回流量、回流罐液位。调节 FV2004，使塔顶回流量 FIC2004 在 106.7t/h 左右，精馏塔回流罐 V-201 液位保持在 50％左右，稳定后，将 LIC2002 投自动，设置 LIC2002 值为 50％，将 FIC2004 投串级。

⑭ 投用乙烯产品冷却器 E-204。调节乙烯产品保证乙烯产品组分中 C_2H_4 含量大于 99％，调节乙烷产品保证乙烷产品组分中 C_2H_6 含量大于 90％。

⑮ 乙烯产品采出。打开乙烯产品流量调节阀 FV2005，调节 FV2005，使乙烯产品流量在 25.9t/h 左右，流量稳定后，将 FIC2005 投自动，FIC2005 流量值设置为 25.9t/h。

⑯ 乙烷产品采出。打开塔釜液位调节阀 LV2001，调节 LV2001，保持塔釜液位在 50％左右。

（4）碳二中试实训装置开车外操岗位操作法

① 碳二原料进料。全开原料罐 V-101 气相进料阀 VA3005，打开原料罐 V-101 出

料阀 VX3002，打开 C_2 进料调节阀 FV1001 前阀 FV1001I，打开 C_2 进料调节阀 FV1001 后阀 FV1001O。

② 调节固定床反应器 R101 压力。打开反应器 R101 后压力调节阀前阀 PV1001I，打开反应器 R101 后压力调节阀后阀 PV1001O。

③ 碳二原料一段升温。打开蒸汽总管阀门 VX2043，打开一级过热器 E-101 蒸汽调节阀前阀 TV1001I，打开一级过热器 E-101 蒸汽调节阀后阀 TV1001O，打开一级过热器 E-101 冷凝疏水前阀 VX1006，打开一级过热器 E-101 冷凝疏水后阀 VX1005。

④ 碳二原料二段升温。打开二级过热器 E-102 蒸汽调节阀前阀 TV1002AI，打开二级过热器 E102 蒸汽调节阀后阀 TV1002AO，打开二级过热器 E102 旁路调节阀前阀 TV1002BI，打开二级过热器 E-102 旁路调节阀后阀 TV1002BO，打开二级过热器 E-102 冷凝疏水前阀 VX1009，打开二级过热器 E-102 冷凝疏水后阀 VX1008。

⑤ 氢气进料，调节氢烃比。打开氢气进 V-103 罐阀门 VA1001，当 V-103 压力达到 2.0MPa 后，打开氢气进料调节阀前阀 FV1002I，打开氢气进料调节阀后阀 FV1002O。

⑥ 乙烯精馏塔充压。打开精馏塔 T-201 开车气相阀门 VX2039，打开回流罐 V-201 压力调节阀前阀 PV2002I，打开回流罐 V-201 压力调节阀后阀 PV2002O，充压至 1MPa 以上，关闭开车气相阀门 VX2039。

⑦ 投用塔顶冷凝器 E-202。打开冷剂自界区阀门 VX1029，打开精馏塔顶冷凝器 E-202 冷剂出口阀 VX2016，打开精馏塔塔顶冷凝器 E-202 冷剂入口调节阀前阀 FV2003I，打开精馏塔塔顶冷凝器 E-202 冷剂入口调节阀后阀 FV2003O。

⑧ 乙烯精馏塔充液。打开开车液相阀门 VX2033，向回流罐 V-201 充液，回流罐 V-201 液位大于 10%，打开回流泵 P-203A 前阀 VX2020，启动泵 P-203A，全开回流泵 P-203A 后阀 VA2006，打开精馏塔回流阀前阀 FV2004I，打开精馏塔回流阀后阀 FV2004O，精馏塔液位大于 50%，关闭开车液相阀门 VX2033。

⑨ 投用冷凝器 E-104。打开反应器出口冷凝器 E-104 冷剂出口阀门 VX1013，打开反应器出口冷凝器 E-104 冷剂入口阀门 VA1003，打开 V-104 气相去不合格产品罐阀门 VA1004，打开绿油罐 V-104 进口阀门 VX1026。

⑩ 精馏塔进料。配合打开精馏塔进料阀 VA2009，向精馏塔进料。

⑪ 投用塔釜再沸器 E-201。打开精馏塔再沸器蒸汽调节阀前阀 FV2001I，打开精馏塔再沸器蒸汽调节阀后阀 FV2001O，打开精馏塔再沸器冷凝疏水前阀 VX2012，打开精馏塔再沸器冷凝疏水后阀 VX2011。

⑫ 投用乙烯产品冷却器 E-204。打开塔顶乙烯产品冷却器 E-204 冷剂出口阀门 VX2034，打开塔顶乙烯产品冷却器 E-204 冷剂进口阀门 VA2003。

⑬ 乙烯产品采出。打开乙烯产品流量调节阀前阀 FV2005I，打开乙烯产品流量调节阀后阀 FV2005O。

⑭ 投用乙烷产品冷却器 E-203。打开塔釜乙烷产品冷却器 E-203 冷剂出口阀 VX2036，打开塔釜乙烷产品冷却器 E-203 冷剂进口阀 VA2004。

⑮ 乙烷产品采出。精馏塔液位达到 50%，打开塔釜出料泵 P-202A 入口阀 VX2027，启动塔釜出料泵 P-202A，全开塔釜出料泵 P-202A 出口阀 VA2010，打开塔釜液位调节阀前阀 LV2001I，打开塔釜液位调节阀后阀 LV2001O。

⑯ 塔釜产品送出。塔釜产品罐 V-301 液位大于 50% 时，打开泵 P-301 前阀

VX3013，启动泵 P-301，打开泵 P-301 后阀 VA3003。

⑰ 塔顶产品送出。塔顶产品罐 V302 液位大于 50% 时，打开泵 P-302 前阀 VX3018，启动泵 P-302，打开泵 P-302 后阀 VA3004。

2. 安全提示

（1）进入装置现场全程佩戴安全帽，穿好工作服和防护鞋；

（2）开关阀门戴手套，缓慢动作，禁止野蛮操作；

（3）装置现场禁止跑动，注意避免碰撞设备和管道引起机械伤害；

（4）上下楼梯扶好扶手；

（5）未经允许，不得触碰和操作设备、阀门、机泵电源；

（6）遇到突发情况及时向实训指导教师报告。

3. 人员分工

填写表 3-1-1。

表 3-1-1　任务分工表

人员	岗位	职责

三、任务实施

阅读碳二加氢实训装置岗位操作规程和岗位操作法，梳理碳二加氢实训装置开车操作步骤填写在表 3-1-2 中（参考碳二原料进料范例继续填写后续步骤），并进行内外操联合开车。

表 3-1-2　开车操作步骤

步骤	角色
1. 碳二原料进料（范例）	
全开原料罐 V-101 气相进料阀 VA3005	外操
打开 C_2 进料调节阀 FV1001 前阀 FV1001I 和后阀 FV1001O	外操
打开原料罐 V-101 出料阀 VX3002	外操
打开 C_2 进料调节阀 FV1001	外操
手动调节 FV1001，保证进料流量在 31.887km³/h	内操
流量稳定后，将 FIC1001 投自动	内操
将 FIC1001 流量设置为 31.887km³/h	内操
2. 调节固定床反应器 R-101 压力	

步骤	角色
3. 碳二原料一段升温	
4. 碳二原料二段升温	
5. 氢气进料，调节氢烃比	
6. 乙烯精馏塔充压	

续表

步骤	角色
7. 投用塔顶冷凝器 E-202	
8. 乙烯精馏塔充液	
9. 投用反应器出口冷凝器 E-104	
10. 精馏塔进料	

步骤	角色
11. 投用塔釜再沸器 E-201	
12. 调节塔釜温度	
13. 调节塔顶压力	
14. 调节塔顶回流量、回流罐液位	
15. 投用乙烯产品冷却器 E-204	
16. 乙烯产品采出	

续表

步骤	角色
17. 投用塔釜产品冷却器 E-203	
18. 乙烷产品采出	
19. 塔釜产品采出	
20. 塔顶产品采出	

四、评估谈话

1. 短期停车后的开车（热态）和长期停车后的开车（冷态）有什么不同？

2. 开车操作中为什么要严格执行内外操操作规程？

3. 谈谈你在本任务实施过程中的心得体会。

五、任务评价

对照表 3-1-3，对技能训练任务实施过程进行评价。

表 3-1-3　任务评价表

序号	评价项目	评价内容	配分	评价说明	得分
1	劳动防护 （8分）	穿戴基本的劳动防护用品	8	外操在现场规范穿戴工作服、安全鞋、安全帽、防护手套各2分	
2	内外操步骤梳理 （20分）	操作步骤	10	工具准备齐全5分，步骤齐全5分	
		岗位分工	10	分工规范5分，阀门开关正确5分	
3	内外操开车操作 （40分）	内操岗位开车操作	10	操作步骤正确10分	
		外操岗位开车操作	20	操作步骤正确10分，操作动作规范10分	
		内外操协作	10	表达清晰，沟通及时，有效10分	
4	参数控制情况 （25分）	参数指标	15	参数控制稳定，未出现异常波动，未触发报警15分	
		控制时间	10	参数控制时间控制在60min内得10分	
5	其他 （7分）	安全文明操作	4	操作过程无不安全文明操作（如坐在地上、靠在设备上、抛扔工具等）4分	
		现场整理	3	任务完成后现场清理干净，工具、个人防护用品等摆放整齐3分	
总配分			100	总得分	

课堂
笔记

装置巡检

一、任务描述

在装置运行状态下，

（1）按照指定路线分组进行反应工段和分离工段现场巡检，检查设备、管路、阀门、仪表的运行情况，并填写巡检记录表，对于 P-203A 的出口压力和原料罐液位两个参数进行内外操对表。

（2）在巡检中发现精馏塔回流泵 P-203A 故障，需正确处置异常，切换备用泵，调节 FV2004，保证回流量在 106.7t/h，回流罐 V-201 液位在 50％左右。

（3）不同学习小组模拟生产班组，完成交接班。

① 反应工段巡检路线：

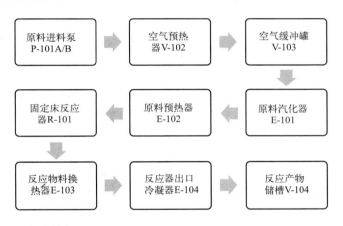

② 分离工段巡检路线：

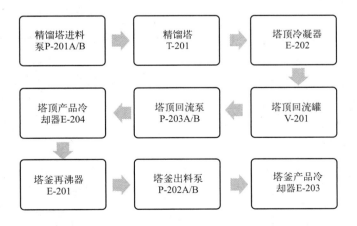

二、任务准备

1. 安全提示

（1）熟知装置的危险部位、逃生通道，掌握保护和逃生技能，了解当天的风向和天气情况。

（2）规范穿戴劳动防护用品。

（3）注意装置现场设备、管道热表面，防止烫伤；转动设备时注意手部防护。

（4）在大型设备或平台上、孔洞边行走时，有高处坠落的危险，上下扶梯扶好栏杆。

（5）工器具使用前需检查其有效期、是否能正常工作等，切忌蛮力操作。

（6）现场发现物料泄漏等异常现象必须在做好相应的个人防护并确保自身安全的前提下处理。

2. 人员分工

填写表 3-2-1。

表 3-2-1　任务分工表

序号	岗位	姓名	职责
1	班长		
2	内操员		
3	外操员		

3. 工具准备

将装置巡检需要用到的工具填写在表 3-2-2 中。

表 3-2-2　工具清单

序号	名称	单位	规格	数量

三、任务实施

1. 熟悉巡检路线

（1）绘制 C_2 装置平面图；

（2）分别用红色和蓝色的笔在平面图中画出反应工段和分离工段的巡检路线；

（3）现场描述巡检路线。

装置一楼平面图：

装置二楼平面图：

2. 执行现场巡检任务

针对动设备和静设备分别填写表 3-2-3 和表 3-2-4。（无异常打√，有异常写出异常现场，仪表或检测工具填写读数）

表 3-2-3　动设备巡检记录表

设备位号	P101A/B	P201A/B	P202A/B	P203A/B
设备名称				
规格型号				
设备卫生				
油位				
泵体温度				
出口压力				
出口流量				
声音(有无异响)				
振动				
紧固				
密封(有无泄漏)				
异常记录				
巡检时间				
巡检人				

表 3-2-4 静设备巡检记录表

位号	设备名称	规格型号	设备卫生	设备本体	基础支座	温度	压力	液位	安全阀	接口密封性	劳动保护	异常记录	巡检时间	巡检人

3. 内外操对表

对原料罐液位和 P203A 出口压力进行内外操对表，并完成表 3-2-5。

表 3-2-5　内外操对表记录

参数	现场值	DCS 值	偏差	结论
原料罐液位				
P203A 出口压力				

4. 正确处置异常情况（无扰动切泵），写出处置步骤。

_____

_____

_____

_____

_____

_____

_____

_____

5. 交接班

（1）填写交接班记录表 3-2-6。

表 3-2-6　交接班记录表

1. 生产现场情况（有无跑、冒、滴、漏现象）：
2. 设备运行情况：
3. 生产工艺指标运行情况：
4. 工器具完好情况：

续表

5. 安全环保设施运行状况,环境气味情况:

6. 现场环境清洁、整洁情况:

7. 其他交接班事项:

交班负责人签字:　　　　　　　　　　　　接班负责人签字:

交接班时间:　　　　年　　　月　　　日　　　时　　　分

注意事项:
1. 交接班人员必须对交接班事项一一清查。
2. 接班负责人签字后,交班人员可离开工作岗位。
3. 对交接班中出现的争执问题未能自行解决的,可由上级所属领导解决处理。

（2） 召开交接班会议。

四、评估谈话

1. 化工装置常见的异常现象有哪些?

2. 针对不同的异常现象，作为巡检人员，应如何应对?

3. 结合本任务，谈谈执行交接班制度的重要性。

4. 谈谈你在本任务实施过程中的心得体会。

五、任务评价

对照表 3-2-7，对技能训练任务实施过程进行评价。

表 3-2-7　任务评价表

序号	评价项目	评价内容	配分	评价说明	得分
1	任务准备 （25分）	安全防护 与准备	8	PPE 选用正确并规范穿戴（安全帽、防护眼镜、工作服、工作鞋），漏一项扣 1 分，一处不规范扣 1 分	
		工具准备	7	工具准备齐全（对讲机、测振仪、测温仪、气体检测仪、记录表、F 扳手），错漏一项扣 1 分	
		巡检路线熟悉	5	巡检线路绘制，错一处扣 1 分	
			5	现场描述巡检路线，错一处扣 1 分	
2	任务实施 （63分）	巡检过程	3	巡检路线正确 3 分	
			15	关键设备巡检认真细致，9 个巡检点漏一处扣 2 分，各点巡检不细致扣 1 分	
			8	内外操对表方法正确，结论正确，错误一处扣 2 分	
		异常情况 处置	3	备用泵开启不规范扣 3 分	
			3	事故泵关闭不规范扣 3 分	
			6	回流量偏差 5% 以上扣 3 分，回流罐液位偏差 5% 以上扣 3 分	
		交接班	10	交接班记录填写正确，交接班会议有效 10 分	
		巡检记录 填写	10	填写内容正确，字迹清楚，记录错误修改方法正确，错一处扣 1 分	
			5	时间和签名正确，错 1 处扣 1 分	
3	其他 （12分）	文明操作	8	巡检过程中安全规范操作，发现不安全行为一次扣 2 分	
			4	任务完成后工具归位，摆放整齐 4 分	
总配分			100	总得分	

课堂
笔记

150kt/a乙烯生产工艺物料衡算

一、任务描述

在某石化15万吨/年乙炔加氢制备乙烯的装置中,进行装置各工段的物料衡算。

二、任务准备

工艺流程如附图1~附图7所示。

乙炔的加氢过程是一个串联反应过程,即:

$$C_2H_2 \xrightarrow[r_1]{+H_2} C_2H_4 \xrightarrow[r_2]{+H_2} C_2H_6$$

主反应: $C_2H_2 + H_2 \longrightarrow C_2H_4 + 174.3kJ/mol$ (1)

副反应: $C_2H_2 + 2H_2 \longrightarrow C_2H_6 + 311.0kJ/mol$ (2)

$C_2H_4 + H_2 \longrightarrow C_2H_6 + 136.7kJ/mol$ (3)

$mC_2H_2 + nC_2H_2 \longrightarrow 低聚物(绿油)$ (4)

高温时还可能发生裂解反应: $C_2H_2 \longrightarrow 2C + H_2 + 227.8kJ/mol$ (5)

反应在适宜的氢炔比条件下进行,目的是使乙炔加氢生成乙烯,以获得最多乙烯产量。

对于整个工艺流程的物料衡算,经验步骤是:

① 根据生产规模、总收率、产品、原料组成等数据,计算出每小时需要处理的原料量。

② 由原料的输入按流程顺序一步一步展开计算,上步的计算结果作为下步的输入数据。注意对原材料的其他重要组分也要随主成分一起进行物料衡算,特别是会影响产品质量、造成环境污染等的组分一定要进行物料衡算,为环评提供可靠的依据。

③ 将装置的物料和能量衡算的结果以工艺物料流程图(PFD)的形式给出。

三、任务实施

1. 计算基准及条件

产量:＿＿＿＿＿＿＿＿＿＿＿＿(含量:＿＿＿＿＿＿＿＿＿＿＿＿＿)

年操作时数:＿＿＿＿＿＿＿＿＿＿＿＿

各生产工序收率:

① ＿＿＿＿＿＿＿＿＿＿＿＿＿＿＿＿＿＿＿

② ＿＿＿＿＿＿＿＿＿＿＿＿＿＿＿＿＿＿＿

③ ＿＿＿＿＿＿＿＿＿＿＿＿＿＿＿＿＿＿＿

④ ＿＿＿＿＿＿＿＿＿＿＿＿＿＿＿＿＿＿＿

⑤ 根据相关文献，生产工艺的转化率：＿＿＿＿＿＿＿＿＿＿＿＿＿＿＿＿＿＿＿＿＿＿＿

＿＿

⑥ 精馏工序中，轻组分为：＿＿＿＿＿＿＿＿＿＿＿＿＿＿＿＿＿＿＿＿＿＿＿＿＿＿＿＿

塔底出料为：＿＿＿＿＿＿＿＿＿＿＿＿＿＿＿＿＿＿＿＿＿＿＿＿＿＿＿＿＿＿＿＿＿＿＿

2. 计算原料进料量

根据生产规模与生产天数，乙烯的生产量为＿＿＿＿＿＿＿＿＿＿＿kg/h

在分离工段中乙烯的总收率为＿＿＿＿＿＿＿＿＿＿＿＿＿＿＿＿＿＿＿＿＿＿＿＿＿＿＿

据此在反应工段中乙烯的生产量为＿＿＿＿＿＿＿＿＿＿＿kg/h

乙炔的转化率：＿＿＿＿＿＿＿＿＿＿＿＿＿＿＿＿＿＿＿＿＿＿＿＿＿＿＿＿＿＿＿＿＿＿

氢气的转化率：＿＿＿＿＿＿＿＿＿＿＿＿＿＿＿＿＿＿＿＿＿＿＿＿＿＿＿＿＿＿＿＿＿＿

反应工段中需要乙炔的量为：

＿＿

＿＿

反应工段中需要氢气的量为：

＿＿

＿＿

绘制反应工段的物料流程。

列物料平衡方程：

＿＿

＿＿

需要乙炔的原料量：

＿＿

＿＿

3. 按设计产量计算各工段的物料衡算

（1）反应工段物料衡算

① 生产工艺：

＿＿

＿＿

② 绘制物料流程示意图。

③ 进行反应工段物料衡算，完成表 3-3-1。

表 3-3-1　反应工段物料组成表

组分	规格	分子量	进料（输入）		出料（输出）	
			进料/（kg/h 或 kmol/h）	质量（或摩尔）分数/%	出料/（kg/h 或 kmol/h）	质量（或摩尔）分数/%
合计						

（2）分离工段物料衡算

① 绘制物料流程示意图。

② 进行分离工段进料组分衡算，完成表 3-3-2。

表 3-3-2　分离工段进料组分衡算表

进料物流	组分	规格	摩尔流量/(kmol/h)	质量流量/(kg/h)	质量分数/%	备注
合计						

③ 进行分离工段出料组分衡算，完成表 3-3-3。

表 3-3-3　分离工段出料组分衡算表

出料物流	组分	规格	摩尔流量/(kmol/h)	质量流量/(kg/h)	质量分数/%	备注
合计						

四、评估谈话

1. 化工过程物料衡算的依据是什么？

2. 化工生产中，开展物料衡算有什么作用？

3. 通过物料衡算一般可以由哪些条件得出哪些结果？

4. 本任务中，反应工段和分离工段物料衡算的区别是什么？

五、任务评价

对照表 3-3-4，对技能训练任务实施过程进行评价。

表 3-3-4　任务评价表

序号	评价项目	评价内容	配分	评价说明	得分
1	计算基准和条件分析 （25 分）		25	过程正确，结果正确，错一处扣 1 分	
2	原料进料量计算 （25 分）		25	过程正确，结果正确，错一处扣 1 分	
3	各工段物料衡算 （50 分）	反应工段物料衡算	25	过程正确，结果正确，错一处扣 1 分	
		分离工段物料衡算	25	过程正确，结果正确，错一处扣 1 分	
	总配分		100	总得分	

课堂
笔记

反应物料温度异常处置

一、任务描述

　　碳二加氢装置生产时，内操发现 TIC1001 温度偏低，TV1001 开度调至 50％，温度只能升到 25℃（正常工况：TV1001 开度 40％，TIC1001 温度为 35℃），作为当班班组人员，请处理该问题。

二、任务准备

1. 任务资讯

　　图 3-4-1 为碳二加氢工艺反应工段部分流程，R-101 为反应器（碳二原料和氢气反应，去除乙炔），E-101 为一级过热器，加热碳二原料，再与氢气混合进入二级过热器 E-102 加热，之后进入固定床反应器 R-101 反应。TV1001 是过热器 E-101 蒸汽进气管自控阀，TIC1001 控制阀门开度。

　　正常工况：TIC1001 为 35～41℃，TV1001 开度为 40％。

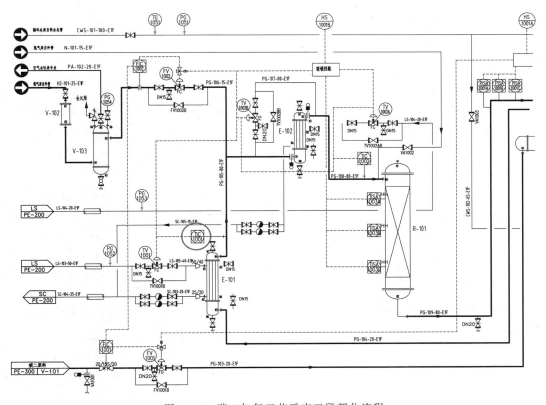

图 3-4-1　碳二加氢工艺反应工段部分流程

2. 安全提示

（1）进入实训室必须正确穿戴好个人防护用品；

（2）严禁在实训场所嬉戏打闹和使用手机，不得随意跨越管道；

（3）遵守文明实训的要求，不得随意开关阀门、按按钮和操作装置设备。

3. 人员分工

填写表 3-4-1。

表 3-4-1　任务分工表

人员	岗位	职责

三、任务实施

1. 发现异常

（1）内操发现异常，报告班长

报告语：_____。

（2）班长组织内外操共同排查异常原因

① 检查物料流量是否正常：仪表位号_____。

② 联络外操，检查蒸汽管路压力是否正常

联络语：_____。

仪表位号：_____。

③ 内操调节阀开度，外操现场确认阀门是否动作。

④ 确定原因：自控阀 TV1001 卡住，班长上报调度，仪电人员到达现场诊断（经诊断，需要更换自控阀，故障阀门拆卸维修）。

2. 异常处置

（1）切副线，维持物料出口温度

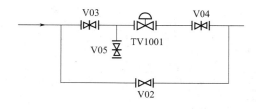

外操到达现场，在操作阀门前，和内操联系，复述确认需要切换的控制阀位号。联络语：_____。

■ 若 TV1001 可以关闭，操作步骤为：

■ 若 TV1001 无法动作，操作步骤为：

（2）隔离 TV1001

① 打开＿＿＿＿＿＿＿＿＿，将上下游管内的介质泄净，降温。

（安全提示：如果 TV1001 可以动作，此时一定要联系内操把 TV1001 打开，保证下游管线内的介质完全排出。）

② 判断导淋阀：＿＿＿＿＿＿＿＿＿。

③ 阀门上锁：＿＿＿＿＿＿＿＿＿＿＿＿（写出需要上锁的阀门位号），气源脱开。

（3）更换 TV1001

操作步骤：

_____

_____

_____

_____

_____

_____

_____

_____

（4）切回正线

操作步骤：

_____

_____

_____

_____

_____

_____

_____

_____

（5）整理现场

四、评估谈话

1. 你如何确定温度异常是由自控阀卡导致的？

2. 物料温度异常还有可能是哪些原因造成？

3. 针对确定的原因，如何处理？

五、任务评价

对照表 3-4-2，对技能训练任务实施过程进行评价。

表 3-4-2　任务评价表

序号	评价项目	评价内容	配分	评价说明	得分
1	发现异常 （6分）	发现异常与报告	6	发现及时，报告及时、准确，发现不及时、报告不及时或报告异常不准确扣2分	

序号	评价项目	评价内容	配分	评价说明	得分
2	原因排查 （10分）	原因排查	10	原因排查阀门、仪表位号正确，原因排查方法正确，阀门或仪表位号不正确扣5分，排查方法不正确扣5分	
3	故障处理 （66分）	正线切副线	18	操作步骤正确，参数波动范围小，正线切副线步骤错一处扣2分，参数波动范围≥±5℃，扣5分，≥±3℃扣3分，≥±1摄氏度扣1分	
		隔离	15	物料排净、降温、阀门上锁操作正确，错误一处扣3分	
		更换阀门	15	阀门拆卸和安装动作规范，工具使用规范，密封性好，错误一处扣3分	
		副线切回正线	18	切正线步骤正确，参数波动范围小，副线切正线步骤错一处扣2分，参数波动范围≥±5℃，扣5分，≥±3℃扣3分，≥±1摄氏度扣1分	
4	其他 （18分）	团队协作	10	分工合理，职责明确，执行任务过程中保持畅通联络，发出指令准确，能接受信息并执行，团队配合不默契酌情扣分	
		安全文明	8	个人防护穿戴规范，无违规操作，发现不安全行为或不规范操作一次扣2分	
总配分			100	总得分	

课堂
笔记

火灾事故应急处置

一、任务描述

正在运行的碳二加氢装置精馏工段（PFD 和 PID 分别见附图 6 和附图 7），精馏塔 T201 塔釜重组分为乙烷，塔釜出料管线工作温度为 −10.6℃，工作压力为 1.8MPa 左右，内操工小王在 DCS 画面中发现 P202A 泵处可燃气体报警异常，外操工小李现场确认发生火情。请分小组根据火灾事故应急响应程序和步骤进行应急处置，确保现场人员安全。

二、任务准备

1. 安全提示

（1）正确选择适宜的灭火剂和灭火方法；

（2）扑救人员占领上风或侧风位置，以免遭受有毒有害气体的侵害；

（3）熟悉周围环境，疏散过程中防止发生摔伤、拥挤等事故。

2. 人员分工

小组人员分角色（内操工、外操工 1、外操工 2、操作班长等），将岗位、职责与人员名单填写在表 3-5-1 中。

表 3-5-1　任务分工表

序号	岗位	职责	人员

3. 工具准备

将本任务需用到的工具填写在表 3-5-2 中。

表 3-5-2　火灾事故应急所需工具

序号	名称	单位	规格	数量

三、任务实施

表 3-5-3 是该装置火灾应急预案的响应程序，完善表中的操作内容并执行任务。

表 3-5-3　火灾应急响应程序

序号	响应程序	操作内容	
1	发现异常	中控室报警系统可燃气体报警仪发出警报，内操呼叫外操	联络语：
2	个人防护	外操前往现场确认前，做好安全防护	穿戴的 PPE 有：
3	侦检路线	外操明确侦检路线，确认风向	现场风向为：
4	确认现场报警仪	外操确认现场报警仪是否误报	联络语：
5	现场侦查	外操现场侦查，确认火势大小	联络语：
6	警戒疏散	外操设置警戒线，根据现场风向明确撤离路线及集结点，人员撤离到达集结点后清点人数并汇报	应撤离人员： 到达集合点人数：
7	内操切断物料	内操对精馏和反应单元作紧急停车处理，停泵	停车步骤： 停泵步骤：
8	外操切断物料	外操隔离 P-202A 泵入口，P-202B 泵出口、双泵出口总阀	操作步骤：
9	灭火器操作	火势较小，在初起阶段，外操选择灭火器灭火	灭火器类别： 灭火器使用方法：
10	及时汇报	灭火成功，外操联络班长，汇报现场情况	联络语：
11	环境检测	外操进行环境检测，填写环境检测报告	检测物质： 检测方法： 检测结果：
12	现场整理	完成工作任务后，各小组对自己的工作岗位、现场环境等进行整理，工具归位摆放	

四、评估谈话

1. 装置突发火灾事故处置过程的依据是什么？

2. 你采取了哪些措施来控制实施过程中的风险？

3. 本任务中，如果火势较大，灭火器灭火失败如何应对？

五、任务评价

对照表 3-5-4，对技能训练任务实施过程进行评价。

表 3-5-4　任务评价表

序号	评价项目	评价内容	配分	评价说明	得分
1	发现异常（3分）	内操发现及时，报告及时	3	未及时报告扣3分	
2	现场确认（17分）	防护用品穿戴：防火服、防烫伤手套、空气呼吸器、便携式气体报警仪、防爆扳手	10	防护用品少一项扣2分，未佩戴空气呼吸器扣5分	
		现场侦查路线正确	2	侦查路线错误扣2分	
		确认现场可燃气体报警仪位置正确	2	确认可燃气体报警仪位置错误扣2分	
		汇报内容准确	3	汇报内容错误扣3分	
3	警戒疏散（5分）	设置警戒线，上风向疏散	5	未设置警戒线扣2分，疏散方向错误扣3分	
4	应急处置（35分）	灭火器选择正确：二氧化碳灭火器	5	灭火器选择错误扣5分	
		拔插销，站在上风向，距离火源2～3m，侧身对准火焰根部由近及远扫射灭火	10	灭火器操作错一项扣3分	
		关闭阀门，切断泄漏物来源	10	阀门关错一个扣3分	
		启动消防水炮	5	未启动消防水炮扣5分	
		汇报内容准确	5	汇报内容错误扣5分	
5	环境检测（10分）	使用气体检测仪检测现场气体浓度	10	检测报告中错一项扣2分	
6	现场整理（10分）	阀门复原、工具放回原处、现场清理	10	阀门未复原有一项扣1分，工具未放回原处有一项扣1分，现场未清理扣3分，工具未整理扣3分	
7	团队协作（10分）	分工明确，配合默契	10	分工不明确扣5分，配合不默契扣5分	
8	安全文明（10分）	无违规操作（坐在地上、靠在设备上、抛扔工具等）	10	违规操作有一项扣5分	
	总配分		100	总得分	

课堂
笔记

学习情境四
装置停车

间歇反应釜退料操作

一、任务描述

间歇反应釜系统如图 4-1-1 所示，反应完成后需将 60L 釜内液体物料（非易燃碱性物料）退料卸净，具体如下：

真空	0.1bar
压缩空气	2.5bar
蒸汽	6.0bar
工艺水	2.5bar
尾气	
用过的冷却水	

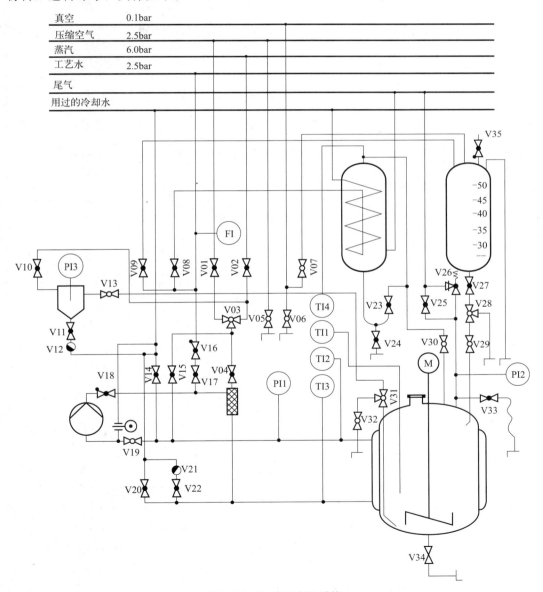

图 4-1-1 间歇反应釜系统

（1）请使用压缩空气将反应产物转移至塑料桶并称重（压缩空气压力 0.1bar）；

（2）请利用真空将反应产物转移至储罐 T-01（真空度 0.1bar）。

二、任务准备

1. 任务分析

（1）用蓝色绘制压缩空气退料路线。

（2）写出压缩空气退料工作步骤。

（3）用红色绘制真空退料路线。

（4）写出真空退料工作步骤。

2. 人员分工

根据岗位职责不同，进行人员分工，完成表 4-1-1。

表 4-1-1　任务分工表

序号	姓名	职责

3. 工具准备

根据退料过程中需要用到的工具，完成表 4-1-2。

表 4-1-2　工具清单

序号	名称	单位	规格	图示	数量

4. 安全提示

（1）注意系统，防止超压或负压过大引发的危险；

（2）确保软管连接牢固，防止在压力作用下弹出伤人；

（3）进入装置现场全程佩戴安全帽，穿好耐酸碱工作服和防护鞋，有可能接触物料时佩戴好防护面罩和防护手套；

（4）开关阀门戴手套，缓慢动作，禁止野蛮操作；

（5）装置现场禁止跑动，注意避免碰撞设备和管道引起机械伤害；

（6）遇到突发情况及时向实训指导教师报告。

三、任务实施

1. 压缩空气转移物料至物料桶

用压缩空气将反应产物转移至物料桶并称重（压缩空气压力 0.1bar），请记录操作时间、内容和操作人，完成表 4-1-3。

表 4-1-3　压空转移物料至物料桶操作记录单

时间	操作内容	操作人

2. 真空退料至储罐 T-01

用真空将反应产物转移至储罐 T-01（真空度 0.1bar），请记录操作时间、内容和操作人，完成表 4-1-4。

表 4-1-4　真空退料至储罐 T-01 操作记录单

时间	操作内容	操作人

四、评估谈话

1. 退料操作前需确认哪些条件？

2. 本任务采用压缩空气排出物料，在实际生产中，是否都可以这样操作？为什么？

3. 反应釜退料完成后是否可以直接打开或进入设备进行维修，为什么？

五、任务评价

对照表 4-1-5 的评价指标和要求，对小组任务执行情况进行评价。

表 4-1-5　任务评价表

序号	评价项目	评价内容	配分	评价说明	得分
1	劳动防护（8分）	穿戴基本的劳动防护用品	8	耐酸碱工作服、防护面罩、安全鞋、安全帽、耐酸碱手套每缺一项扣 2 分	

续表

序号	评价项目	评价内容	配分	评价说明	得分
2	压缩空气退料（36分）	退料前准备	10	工具准备齐全5分,反应釜系统泄压5分	
		管路连接与打通	20	软管连接正确规范5分,阀门开关正确15分	
		退料操作	6	退料开关阀门正确3分,退料动作规范3分	
3	真空退料（36分）	退料前准备	10	工具准备齐全5分,反应釜系统泄压5分	
		管路连接与打通	20	软管连接正确规范5分,阀门开关正确15分	
		退料操作	6	退料开关阀门正确3分,退料动作规范3分	
4	现场恢复（15分）	系统复位	5	系统恢复初始状态得5分	
		工具摆放	5	工具归类、摆放整齐得5分	
		现场清理	5	现场整洁、干净、无水渍得5分	
5	其他（5分）	安全文明操作	5	操作过程中任何一处不安全文明操作（如坐在地上、靠在设备上、抛扔工具等）扣5分	
总配分			100	总得分	

课堂
笔记

工作页4-2
连续装置停车

一、任务描述

请根据岗位操作法，班组合作完成碳二加氢装置的停车。

装置停车

二、任务准备

1. 任务资讯

（1）碳二加氢装置岗位操作规程（停车流程部分）

停车流程：

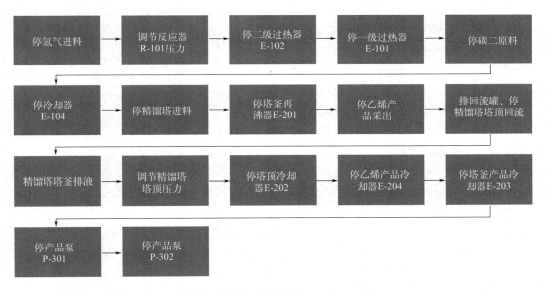

（2）碳二加氢装置内操岗位操作法（停车部分）

① 停氢气进料。外操关闭氢气来自界区阀门 VA1001 后，将氢气进料调节 FIC1002 投手动，关闭氢气进料调节阀 FV1002。

② 调节反应器 R-101 压力。将加氢反应器 R-101 后压力调节阀 PIC1001 投手动，缓慢打开 PV1001，泄压。

③ 停二级过热器 E-102。将二级过热器 E-102 温度调节 TIC1002 投手动。

④ 停一级过热器 E-101。将一级过热器 E-101 温度调节 TIC1001 投手动。

⑤ 停碳二原料。将 C_2 进料调节阀 FIC1001 投手动。

⑥ 停塔釜再沸器 E-201。将塔釜再沸器 E-201 蒸汽调节阀 FIC2001 投手动。

⑦ 停乙烯产品采出。将精馏塔顶产品出口调节阀 FIC2005 投手动。

⑧ 排回流罐、停精馏塔塔顶回流。将精馏塔回流罐 V-201 液位排至 0，将精馏塔回流调节阀 FIC2004 投手动。

⑨ 精馏塔塔釜排液。将精馏塔塔釜液位排至 0，将精馏塔塔釜产品调节阀 LICA2001 投手动。

⑩ 调节精馏塔塔顶压力。将精馏塔回流罐 V-201 放空调节阀 PIC2002 投手动，开大放空调节阀 PV2002，防止超压。

⑪ 停塔顶冷却器 E-202。将塔顶冷却器 E-202 冷剂调节阀 FIC2003 投手动。

（3）碳二加氢装置外操岗位操作法（停车部分）

① 停氢气进料。内操关闭氢气进料调节阀 FV1002 后关闭氢气来自界区阀门 VA1001，关闭氢气进料调节阀前阀 FV1002I，关闭氢气进料调节阀后阀 FV1002O。

② 停二级过热器 E-102。内操将二级过热器 E-102 温度调节 TIC1002 投手动后关闭二级过热器 E-102 蒸汽调节阀 TV1002A 和前后手阀。

③ 停一级过热器 E-101。内操将一级过热器 E-101 温度调节 TIC1001 投手动后关闭一级过热器 E-101 蒸汽调节阀 TV1001 和前后手阀。

④ 停碳二原料。内操将 C_2 进料调节阀 FIC1001 投手动后，关闭 C_2 进料调节阀 FV1001 和前后手阀，关闭原料气相进口阀 VA3005，关闭原料罐出口阀门 VX3002。

⑤ 停冷却器 E-104。关闭绿油罐 V-104 进口阀 VX1026，关闭反应器出口冷却器 E-104 冷剂出入口阀 VA1003 和 VX1013。

⑥ 停精馏塔进料。关闭乙烯精馏塔进料阀 VA2009。

⑦ 停塔釜再沸器 E-201。内操将精馏塔塔釜再沸器 E-201 蒸汽调节阀 FIC2001 投手动后，关闭精馏塔再沸器 E-201 蒸汽阀门 FV2001 和前后阀。

⑧ 停乙烯产品采出。内操将精馏塔顶产品出口调节阀 FIC2005 投手动后，关闭精馏塔顶产品出口调节阀 FV2005 和前后阀。

⑨ 排回流罐、停精馏塔塔顶回流。内操将精馏塔回流调节阀 FIC2004 投手动后，关闭精馏塔回流调节阀 FV2004 和前后阀，关闭精馏塔回流泵 P-203A 出口阀 VA2006，停止精馏塔回流泵 P-203A，关闭精馏塔回流泵 P-203A 进口阀 VX2020。

⑩ 精馏塔塔釜排液。内操将精馏塔塔釜产品调节阀 LICA2001 投手动后，关闭精馏塔塔釜产品调节阀 LV2001 和前后阀，关闭精馏塔塔釜出料泵 P-202A 后阀 VA2010，停止精馏塔塔釜出料泵 P-202A，关闭精馏塔塔釜出料泵 P-202A 前阀 VX2027。

⑪ 停塔顶冷却器 E-202。内操将精馏塔塔顶冷却器 E-202 冷剂调节阀 FIC2003 投手动后，关闭精馏塔塔顶冷却器 E-202 冷剂进口调节阀 FV2003 和前后阀，关闭精馏塔塔顶冷却器 E-202 冷剂出口阀 VX2016。

⑫ 停乙烯产品冷却器 E-204。关闭精馏塔塔顶产品冷却器 E-204 冷剂进口阀 VA2003，关闭精馏塔塔顶产品冷却器 E-204 冷剂出口阀 VX2034。

⑬ 停塔釜产品冷却器 E-203。关闭精馏塔塔釜产品冷却器 E-203 冷剂进口阀 VA2004，关闭精馏塔塔釜产品冷却器 E-203 冷剂出口阀 VX2036。

⑭ 停产品泵 P-301。关闭塔釜产品泵 P-301 出口阀 VA3003，停塔釜产品罐 V-301 的产品泵 P-301，关闭塔釜产品泵 P-301 进口阀 VX3013。

⑮ 停产品泵 P-302。关闭塔顶产品泵 P-302 出口阀 VA3004，停塔顶产品罐 V-302 的产品泵 P-302，关闭塔顶产品泵 P-302 进口阀 VX3018。

2. 人员分工

根据岗位、职责不同，进行人员分工，完成表 4-2-1。

表 4-2-1　任务分工表

人员	岗位	职责

3．安全提示

（1）进入装置现场全程戴安全帽，穿好工作服和防护鞋；

（2）开关阀门戴手套，缓慢动作，禁止野蛮操作；

（3）装置现场禁止跑动，注意避免碰撞设备和管道引起机械伤害；

（4）上下楼梯扶好扶手；

（5）未经允许，不得触碰和操作设备、阀门、机泵电源；

（6）遇到突发情况及时向实训指导教师报告。

三、任务实施

阅读碳二加氢实训装置岗位操作规程和岗位操作法，梳理碳二加氢实训装置停车操作步骤（参考"碳二原料进料"的步骤继续填写后续步骤），完成表 4-2-2，并进行内外操联合停车。

表 4-2-2　碳二加氢实训装置停车操作步骤

步骤	角色
1．碳二原料进料（范例）	
关闭氢气来自界区阀门 VA1001	外操
将氢气进料调节 FIC1002 投手动	内操
关闭氢气进料调节阀 FV1002	内操
关闭氢气进料调节阀前阀 FV1002I	外操
关闭氢气进料调节阀后阀 FV1002O	外操
2．反应器 R-101 泄压	
3．停二级过热器 E-102	
4．停一级过热器 E-101	

续表

步骤	角色
5. 停碳二原料	
6. 停冷却器 E-104	
7. 停精馏塔进料	
8. 停塔釜再沸器 E-201	
9. 停乙烯产品采出	
10. 排回流罐、停精馏塔塔顶回流	
11. 精馏塔塔釜排液	

续表

步骤	角色
12. 调节精馏塔塔顶压力	
13. 停塔顶冷却器 E-202	
14. 停乙烯产品冷却器 E-204	
15. 停塔釜产品冷却器 E-203	
16. 停产品泵 P-301	
17. 停产品泵 P-302	

四、评估谈话

1. 正常停车和紧急停车对于化工装置操作人员的工作来说有什么不同？

2. 停车操作中为什么要严格按照操作规程的程序降温降压？

五、任务评价

对照表 4-2-3 的评价指标和要求，对小组任务执行情况进行评价。

表 4-2-3　任务评价表

序号	评价项目	评价内容	配分	评价说明	得分
1	劳动防护 （8分）	穿戴基本的劳动防护用品	8	外操在现场规范穿戴工作服、安全鞋、安全帽、防护手套各2分	
2	内外操步骤梳理（20分）	操作步骤	10	工具准备齐全5分，反应釜系统泄压5分	
		岗位分工	10	软管连接正确规范5分，真空通入和物料排出的流程装置正确5分	
3	内外操停车操作（40分）	内操岗位停车操作	10	操作步骤正确10分	
		外操岗位停车操作	20	操作步骤正确10分，操作动作规范10分	
		内外操协作	10	表达清晰，沟通及时、有效10分	
4	参数控制情况（25分）	参数指标	15	参数控制稳定，未出现异常波动，未触发报警15分	
		控制时间	10	参数控制时间控制在60min内得10分	
5	其他 （7分）	安全文明操作	4	操作过程无不安全文明操作（如坐在地上、靠在设备上、抛扔工具等）4分	
		现场整理	3	任务完成后现场清理干净，工具、个人防护用品等摆放整齐3分	
总配分			100	总得分	

反应系统停车后处理

一、任务描述

内操发现固定床反应器 R-101 上 3 个测温点上的温度都在逐渐降低，以下游工段精馏处参数衡算，确认固定床反应器内的金属催化剂部分失活，转化率降低。E-102 换热器处于隔离状态，并未投用。管理层决定整个碳二加氢装置停车，并安排维修准备工作，计划更换内部催化剂（系统自然降温）。请以班组为单位，外操配合内操通过关闭手阀把 R-101 隔离，并对其进行处理，确保催化剂更换过程的安全。

二、任务准备

1. 危险分析

（1）维修准备工作危险分析　请分析维修准备工作过程中可能遇到的危险源及可能导致的危害后果，进一步提出相应的防护措施，完成表 4-3-1。

表 4-3-1　JHA（Job Hazard Analysis 工作危害分析）

序号	危险因素	危害后果	防护措施

（2）维修工作危险分析　请分析维修工作过程中可能遇到的危险源及可能导致的危害后果，进一步提出相应的保护措施，完成表 4-3-2。

表 4-3-2　JHA 表

序号	危险因素	危害后果	防护措施

2. 人员分工

小组人员分角色（内操工、外操工、维修人员、操作班长等），将岗位、职责与人员名单填写在表 4-3-3 中。

表 4-3-3 任务分工表

序号	岗位	职责	人员

3. 工具准备

将系统停车后处理需要用到的工具填写在表 4-3-4 中。

表 4-3-4 工具清单

序号	名称	单位	规格	数量

4. 安全提示

（1）规范穿戴合适的个人防护用品；

（2）吹扫时应注意人身安全，对排出口应有明显的标志以防伤人；

（3）作业中人员要站在上风向，不得正对法兰缝隙；

（4）作业中，不得使用铁器敲打管道和管件，必须敲打时，应使用防爆工具。

三、任务实施

1. 装置处理

完善表 4-3-5 中的操作内容，并执行任务。

表 4-3-5 维修准备工作操作内容

序号	步骤	操作内容	
1	阀门隔断	确认相应阀门关闭	涉及阀门位号：
2	泄压排气	把固定床反应器内的压力泄压至常压	内操手动打开阀门： 确认四个压力表压力均为常压：

序号	步骤	操作内容	
3	氮气置换	氮气置换 5 次：氮气置换反应器时将压力升至 0.5MPa(氮气管网压力是 5.5MPa)后关闭手阀,再泄压至常压。这样一共重复操作 5 次	充氮气手阀： 泄压手阀：
4	最后一次置换时气体检测	检测氮气置换结果。若数据是 0,说明置换操作成功且隔离手阀无内漏,继续做下一步。若数据不合格则上报,可能需要再置换几次或手阀内漏	检测氮气置换步骤：
5	置换合格后泄压	将系统内压力泄压至大气压,并保持放空阀打开	打开阀门：
6	上锁挂牌	对维修过程中不允许打开的阀门等能量隔离点上锁,并挂"危险！禁止操作"标签	涉及 LOTO(Lock Out Tag Out 上锁挂牌)的阀门填入表单

2. 能量隔离

（1）编制能量隔离清单（表 4-3-6）。

表 4-3-6　能量隔离清单

隔离系统/设备：

危害	□物体打击　　□机械伤害　　□触电　　　□淹溺　　　□灼烫 □火灾　　　　□高处坠落　　瓦斯爆炸　　锅炉爆炸 □容器爆炸　　□其他爆炸　　□中毒和窒息　　□其他伤害		
能量/物料	隔离方法	上锁挂牌点	挂牌点
	□移除管线加盲板		
	□双切断加导淋		
	□关闭阀门		
	□切断电源		
	□其他_____		
	□移除管线加盲板		
	□双切断加导淋		
	□关闭阀门		
	□切断电源		
	□其他_____		

续表

能量/物料	隔离方法	上锁挂牌点	挂牌点
	□移除管线加盲板		
	□双切断加导淋		
	□关闭阀门		
	□切断电源		
	□其他_____		

编写人：　　　　测试人：　　作业人：　　　批准人：　　　　年　月　日

（2）执行能量隔离，并准备盲板抽堵和拆短接破管作业。

3. 维修工作操作内容

完善表 4-3-7 中的操作内容并执行任务。

表 4-3-7　维修工作操作内容

序号	步骤	操作内容	
1	隔离效果检测	确认有效隔离数据为 0。若数据异常就停止活动并向上汇报	检测方法：
2	盲板抽堵作业	维修人员，盲板抽堵作业	插盲板位置：
3	破管作业	维修人员，破管作业	破管作业步骤：
4	强制通风	维修人员，确认以上 2 项作业完成后，连接鼓风机进行强制通风。N_2 口 10m 内进行警示带维护，并安排专人携带氧气浓度仪器进行监护	鼓风机进行强制通风位置：
5	环境检测	环境合格后，移除鼓风机停止强制通风	环境合格标准：
6	任务交接	移交给专项维修团队更换催化剂	

4. 申请作业票

（1）办理盲板抽堵安全作业票（表 4-3-8）

表 4-3-8　盲板抽堵安全作业票

作业申请单位		作业单位			作业类别		
设备、管道名称	管道参数				盲板参数		
	介质	温度		压力	材质	规格	编号
作业内容							
盲板位置图（可另附图）及编号	编制人：　　年　　月　　日						
作业负责人		监护人			作业人		
关联的其他特殊作业及安全作业票编号							

风险辨识结果	
作业计划时间	始至　　　　　　　止

是否存在接触化学品的风险？如果"是"，请写出化学品名称：

序号	涉及/不涉及	安全措施	确认人签字
1		在管道、设备上作业时，降低系统压力，作业点应为常压或微正压	
2		在有毒介质的管道、设备上作业时，作业人员应穿戴合适的个体防护装备	
3		火灾爆炸危险场所，作业人员穿防静电工作服、工作鞋；作业时使用防爆灯具和防爆工具	
4		火灾爆炸危险场所的气体管道，距作业地点30m内无其他动火作业	
5		在强腐蚀性介质的管道、设备上作业时，作业人员已采取防止酸碱化学灼伤的措施	
6		介质温度较高、可能造成烫伤的情况下，作业人员已采取防烫措施	
7		介质温度较低、可能造成冻伤的情况下，作业人员已采取防冻伤措施	
8		同一管道上未同时进行两处及两处以上的盲板抽堵作业	
9		盲板编号与图纸一致	
10		已配备防泄漏物资：□吸附棉　□收集盘　□其他	
11		已配备移动式气体检测仪： □可燃气体　□CO　□光气　□氯气　□其他	
12		能量隔离已完成上锁挂牌（LOTO）： □锁箱锁定　□多孔锁锁定　锁箱号：	
13		作业现场四周已设警戒区	
14		其他相关特殊作业已办理相应安全作业票	
15		除常规个体防护装备外，其他特殊防护装备： □呼吸防护装备（说明）　　□面屏 □防护靴　　　　　　　　□手套（说明） □防护服（说明）　　　　□其他	
16		其他安全措施：	

编制人：

安全交底人 （安全交底记录 见工具箱 会议记录）	区域方		接受交底人	
	施工方			
作业负责人意见		签字：　　　年　月　日　时　　分		
审批部门意见		签字：　　　年　月　日　时　　分		

续表

接触有害物质作业前,区域主管验票释放		签字:	年	月	日	时		分
完工验收	区域方	签字:	年	月	日	时		分
	施工方	签字:	年	月	日	时		分

(2) 办理破管作业（接触有害物质）安全作业票（表 4-3-9）

表 4-3-9　破管作业（接触有害物质）安全作业票

□破管　　□高压清洗　　□带压堵漏　　□压力试验　　□高、低温作业　　□其他

作业申请单位		作业单位		
作业人		监护人		
作业地点		计划作业时间	始至	止
作业内容				
风险辨识结果				
关联的其他特殊作业及安全作业票编号				

是否存在接触化学品的风险？如果选择"是"，请写出化学品名称：

序号	涉及/不涉及	安全措施	确认人签字
1		在有毒介质的管道、设备上作业时,尽可能降低系统压力	
2		在有毒介质的管道、设备上作业时,作业人员穿戴合适的个人防护装备	
3		火灾爆炸危险场所,作业人员穿防静电工作服、工作鞋;作业时使用防爆灯具和防爆工具	
4		火灾爆炸危险场所的气体管道,距离作业地点 30m 内无其他动火作业	
5		在强腐蚀性介质的管道、设备上作业时,作业人员已采取防止酸碱灼伤的措施	
6		介质温度较高、较低可能造成烫伤、冻伤的情况下,作业人员已采取防烫、防冻措施	
7		现场配备消防带（　）根,灭火器（　）台,铁锹（　）把,防火毯/布（　）块 □吸附棉　　□收集盘　　□其他	
8		破管点所在系统经过排尽/吹扫/清洗等,已处理干净	
9		破管点上标记/标识位置和传统图纸标记一致	
10		已配备移动式气体检测仪:□可燃气体　□CO □光气　□氯气　□其他	
11		能量隔离已完成上锁挂牌（LOTO）: □锁箱锁定　□多孔锁定　锁箱号:	
12		工作场所隔离;安全通道畅通;通风情况良好	
13		有安全检查表规定的作业附检查表,要求已逐项落实	

序号	涉及/不涉及	安全措施	确认人签字
14		除常规个体防护装备外,其他特殊防护装备： □空气呼吸器(说明) □防护靴 □手套(说明) □防护服(说明) □其他	
15		其他安全措施： 编制人：	

安全交底人 (安全交底记录 见工具箱会 议记录)	区域方		接受交底人	
	施工方			

作业负责人意见		签字： 年 月 日 时 分
审批部门意见		签字： 年 月 日 时 分
接触有害物质作业前, 区域主管验票释放		签字： 年 月 日 时 分
完工验收	区域方	签字： 年 月 日 时 分
	施工方	签字： 年 月 日 时 分

四、评估谈话

1. 本任务实施过程中涉及哪些作业类型？

2. 为提高作业流程作业的安全性，我们可采取哪些有效措施？

3. 以上作业过程中，有哪些风险？

五、任务评价

对照表 4-3-10 的评价指标和要求，对小组任务执行情况进行评价。

表 4-3-10 任务评价表

序号	评价项目	评价内容	配分	评价说明	得分
1	劳动防护（8分）	穿戴基本的劳动防护用品	8	工作服、安全鞋、安全帽、防护手套各2分	
2	维修准备工作（39分）	阀门隔断	8	确认相应阀门关闭，每个1分，共4分，并上锁挂牌，每个1分，共4分	
		泄压排气	2	把固定床反应器内的压力泄压至常压，得2分	
		氮气置换	15	氮气置换反应器时，将压力升至0.5MPa（氮气管网压力是5.5MPa）后关闭手阀，再泄压至常压，置换操作5次，每次3分，共15分	
		最后一次置换时气体检测	3	检测氮气置换结果。若数据是0%，说明置换操作成功且隔离手阀无内漏，继续做下一步，得3分	
		置换合格后泄压	4	将系统内压力泄压至大气压，得2分，并保持放空阀打开，得2分	
		上锁挂牌	7	按照LOTO表单对系统进行LOTO，每个1分，共7分	
3	维修工作（33分）	作业票申请	10	按照作业许可流程，完成盲板抽堵作业和破管作业申请（填写规范），每个5分，共10分	
		隔离效果检测	2	通过检测，确认有效隔离数据为0%，得2分	
		抽插盲板作业	7	盲板先拆离自己最远的一颗螺栓，得4分，盲板安装规范，得3分	
		破管作业	7	破管作业时先拆离自己最远的一颗螺栓，得4分，盲法兰安装规范，得3分	
		强制通风	5	连接鼓风机在合适位置进行强制通风，得3分，安排专人携带氧气浓度仪器进行监护，得2分	
		环境合格	2	通过检测，确认氧气浓度在21%，得2分	
4	现场恢复（10分）	系统复位	3	系统恢复初始状态得3分	
		工具摆放	3	工具归类，摆放整齐得3分	
		现场清理	4	现场整洁、干净、无水渍得4分	
5	其他（10分）	安全文明操作	10	操作过程中任何一处不安全文明操作（如坐在地上、靠在设备上、抛扔工具等）扣5分	
	总配分		100	总得分	